貓頭鷹書房

有些書套著嚴肅的學術外衣，但內容平易近人，非常好讀；有些書討論近乎冷僻的主題，其實意蘊深遠，充滿閱讀的樂趣；還有些書大家時時掛在嘴邊，但我們卻從未看過……

如果沒有人推薦、提醒、出版，這些散發著智慧光芒的傑作，就會在我們的生命中錯失——因此我們有了**貓頭鷹書房**，作為這些書安身立命的家，也作為我們智性活動的主題樂園。

貓頭鷹書房——智者在此垂釣

貓頭鷹書房 220

磐石紀事

追蹤46億年的地球故事

READING THE ROCKS

貝鳶業如◎著

若到瓜◎譯

貓頭鷹

推薦序

萬世磐石

程延年

英國首屈一指的學術期刊《自然》（*Nature*），在一篇書評中大力推薦這本好書：「我們亟需科普的書籍，協助科學起身迎接挑戰……，作者具備著罕見的洞悉智能，詮釋科學概念如此清明，伴隨著魅力十足、助益良多的類比、明喻與隱喻……。」此言不虛。這是一本擬人化、另類描繪的地球私密傳記，饒富趣味，不是很輕鬆就能一口氣讀完，卻又餘音繞樑，值得試探。

多年來，我在大學裡教授通識課程「地球科學——地質學」，經常推薦新近出版的地球專書。一九九九年，倫敦一遊，我購得前哈佛大學一代宗師古爾德教授（一九四一～二〇〇二）剛上架的精裝本《萬世磐石——生命光譜中科學與宗教的格位》。序文中有一段引述古老諺語的文字，有趣極了——科學是探究岩石的年齡，而宗教則探究萬世之磐石（Science gets the age of rocks, and Religion the Rock of Ages）；科學是探究浩瀚蒼穹如何運作，而宗教則探究如何（得道）升天堂（Science studies how the heavens go, and Religion how to go to Heaven）。一語道破科學與宗教之辨。二〇〇五年重遊英倫，探視就讀劍橋哲學系的孩子。在劍橋書屋購得這本剛出爐的新書《解讀岩石——地球的私密傳記》。作者是一位任職於勞倫斯大學地質學系的教授兼系主任，也是美國地質學會的資深會員。以女性敏銳而纖細的筆觸，她把生冷又堅硬的岩石活化了。在灰濛濛的倫敦天空下，頓時讓人感到格外的清明。貓頭鷹出版社委請中譯高手翻成中文出版，真是立秋時節的饗宴！

地球的探究，在最近二個世紀有著革命性的突破。從一個死寂地球的概念，變革成為活地球的思維，進而建構起「板塊構造」的大架構，成為了上個世紀後半葉最震撼人心的科學革命。英國大師級人物洛夫洛克（James Lovelock），又從哲學思維的門縫中一窺希臘神祇，大地之母蓋婭（GAIA）的遠古神話，建構起「蓋婭假說」的地球觀，引人遐思。地球科學家們，從傳統生冷的礦物、岩石、化石的桎梏中脫困。走向深海一探海底擴張的壯闊；飛向太空，登陸星球，解碼亙古的奧祕；返回時間機器的冥古深幽，重建四十六億年地球演化的點點滴滴。我們朝夕相處最熟悉的地球，有了嶄新的生命傳奇。這本書就是試圖繪出其中的細節與樂章。

全書鋪陳六個章節，以序曲揭幕，以終曲導引省思。〈瘋迷石頭〉引領出地球亙古幽冥歷史的印記，以擬人化的筆觸勾勒，作者讓我們用擬地（球）化的心境去感知。〈地球之道〉刻意用了東方神祕老子之道（Tao）的字彙，又重返希臘大地之母，蓋婭假說的哲學。〈初級岩石讀本〉陳述地球觀的歷史變革與地層呈現的序列劇碼與樂譜。〈大與小〉描繪測量地球的構成因子、零件，從至大到極小，從碎形（fractal）到複雜（complexity）。〈混合與分類〉、〈創新與保守〉，以及〈強與弱〉，這些看似獨特性格的辭彙，隱喻著地球多面向的表徵。在岩石圈、生物圈、水文圈與大氣圈的互動共生之中，成就了地球是一顆恆動的、循環的、平衡的藍色星球。且讓我們細細品味，珍愛蓋婭地球！

程延年　美國德州大學（達拉斯）地球科學博士，現為國立自然科學博物館地質學組資深研究員。

目前各界接受的地質年代表（未依實際時間長度比例繪製）

代	紀	世	代表符號	始於距今百萬年前	重大地質及生物事件
新生代	第四紀	全新世	Q	0.01（即一萬年前）	燃燒化石燃料釋出儲存了數百萬年之久的二氧化碳 文字歷史；農業
		更新世		3	冰河時期
	第三紀		T	65	哺乳類動物的多樣化 洛杉磯山脈、安地斯山脈、阿爾卑斯山脈及喜馬拉雅山脈形成 巨鳥的短暫稱霸
中生代	白堊紀		K	140	恐龍等生物的大滅絕事件 開花植物與昆蟲共同演化
	侏羅紀		J	200	爬蟲類時代的黃昏
	三疊紀		TR	250	大滅絕事件 現代大西洋開始擴張 地球仍陷於氧危機造成的混亂
古生代	二疊紀		P	290	二疊紀氧危機：地球史上最大規模的大滅絕事件 冰河時期
	石炭紀		C	355	阿帕拉契山脈形成；盤古大陸聚合 全球暖化時期；森林繁茂 北美洲及歐洲出現厚實的煤層
	泥盆紀		D	420	現代魚類演化 大滅絕事件
	志留紀		S	440	首批陸上生態系 首批珊瑚礁（包括尼加拉瓜在內）
	奧陶紀		O	508	大滅絕事件
	寒武紀		Є	545	伯吉斯頁岩等化石床記錄下寒武紀大爆炸 小甲殼動物

代	紀	世	代表符號	始於距今百萬年前	重大地質及生物事件
前寒武紀時代	原生元		pЄ	570	埃迪卡拉生物消失；掠食行為出現 謎樣的埃迪卡拉生物興盛
				750	雪團地球的極端冰河時期 羅迪尼亞超級大陸聚合
				1,000	疑源類單細胞生物主宰海洋 蘇必略湖地區中大陸裂谷
				1,200	首度出現多細胞生物
				2,000	威斯康辛州克蘭登的火山礦脈形成銅鎳沉積
				2,200	首批真核生物化石 平流層形成臭氧層 行光合作用的細菌所釋放的氧開始在大氣中堆積；帶狀鐵礦構造
				2,500	現代板塊構造運動開始
	太古元			3,000	威斯康辛州最老的岩石 最年輕的月岩 花崗綠岩帶形成，對此一構造事件所知甚少
				3,500	第一個地球上出現生命的直接證據
				4,000	現存最古老的岩石形成（暴露於格陵蘭西部、加拿大北部）
	冥古元			4,400	現存最古老的結晶形成（澳洲） 最古老的月岩形成（高地）
				4,500	原始地球被另一座正在差異化的行星擊中，月球因此形成 地球差異化出地函和地核
				4,600	地球和其他岩質行星形成 球粒隕石形成

磐石紀事：追蹤46億年的地球故事

目次

第六章　強與弱 197
大自然是仁慈的、惡意的，還是中立的？可理解，或無限複雜？是可預測的還是混亂的？科學對地球的看法在很多方面都繞了一圈，又再度回到三百年前。這次，科學是對的嗎？

終　曲　地球的過去和未來 219
如果人少花點時間證明自己能夠勝過大自然，而多花點時間品味她的甜美、尊重她的年紀，那麼我會對人類將擁有光明的未來感到比較樂觀一些。

詞彙表 225
參考資料 244
索引 266

序曲 瘋迷石頭

如同那看似無生命的冷酷岩石，我也擁有塑造了我的物質的記憶。時間與地點都曾有過自己的話語。

——赫斯頓《公路上塵土飛揚》

每個地方都有過去

我是地質學家，在美國稱為中西部的廣大地區裡一所小型人文學院教書，以支持我對**岩石**的迷戀。這所學院跟其他許多此類學院一樣，於十九世紀由一群想要將啟蒙思想引進內陸的慈善家所創立。一百五十年後，我與同事依舊忠於這個理想，但我們也都同意，在威斯康辛州溫尼貝戈湖北岸這座居民好飲啤酒的小城裡，並沒有發生過什麼大事；也就是說，沒什麼值得學術觀察之事。

確實，魔術師胡迪尼和紐約洋基教頭喬・麥卡錫都曾住在這裡（頗不搭調的組合）。小說家艾德娜・費柏也是（你知道，就是寫《畫舫璇宮》和《巨人》的那位）。我們還可以說美式足球「綠灣包裝工隊」過去的教練跟球員也都出身這裡，在當地彷彿聖人般受到祝福。但全部也不過如此而已。此地的歷史總是看似淺薄又墮落，連湖的名字都在美國過度的消費文化之下，變調成新進的笑柄了。

從電話簿和公路地圖看來，這裡似乎曾有豐富的過往。溫尼貝戈湖畔名為奧詩考詩、波伊西比、新倫敦、新好斯坦、凡登布魯克和馮都拉的城鎮裡，姓熊的跟姓瓊斯的幾乎一樣多。一七三〇年，法軍在梅諾米尼印地安戰士的協助下，就在離此地不過數公里遠處，將沿著狐狸河偷襲毛皮商人的印地安索克族整村屠戮殆盡。當時屍體堆積如山，屠殺地點於是獲得「死亡丘」（Butte de Mortes）的稱號，而這名字也一直流傳至今（不過當地發音不準，Bewdahmore的讀法使這名字失去了一些慘酷感）。

在湖的東北岸尼加拉斷崖的高處，有一些呈蛇、烏龜和美洲豹形的象形丘，（「象形丘」是天然岩石被人雕鑿出動物形象的崗丘。此種象形丘在美國有好幾處，都是古代印地安人的藝術遺產。愛荷華州甚至設有此種象形丘的國家保護區。）大約已有一千年之久（美洲豹？）。而在湖的東南方，泥濘的湖黏土中則挖出了帶有屠痕的長毛象骨頭（長毛象？）。這一帶的黏土在某些地方厚約十公尺，沉積在冰河時期形成的這座巨湖底下。這座湖以前即使有名字，也早在數千年前便已為人遺忘，因此地質學家只好以一名阿爾岡京族的印地安酋長之名（他的名字被縫在工作服和外套上也有一百年的歷史了），溯及既往地將這座湖命名為「奧詩考詩冰河湖」。

現在的溫尼貝戈湖面積約五、六萬公頃，是座相當大的湖，也是北美最大的鱘魚（一種巨形原始魚類，可活一世紀之久）族群所在地之一。但溫尼貝戈湖不過是奧詩考詩湖的一點零頭罷了，後者曾經覆蓋過較前者大十倍的面積，是大量冰層融化之後所留下的巨型水塘。黏土沉積層安靜地沉入奧詩考詩湖，覆蓋住有著起伏山丘與谷地的老地景，這是之前在為郊外住家尋找水井時，鑽床機打洞穿過不透水的黏土層才發現的地貌。這棘手的黏土後來成了該郡掩埋場的良好選擇，而場址開挖時，鋤耕機在其下超過六公尺深處，挖掘出一層大大小小的雲杉枝幹，發現了冰河期森林的遺跡（埋在地下的森林？）。湖黏土層在象形丘所在的斷崖處突兀地中斷，平坦的地景上突然伸出一片石灰岩斷崖。這些斷崖的岩石裡有著珊瑚、海百合和古老的烏賊化石（烏賊？），表示過去海平面一度很高，而威斯康辛州的地勢則非常低。

在冰河湖對岸的鎮西邊，有一小片有趣的粉紅色岩石露頭（outcrop），那是稱為**流紋岩**的岩石，是由聖海倫火山那種活火山所噴發的岩石（火山？）。流紋岩的表面有冰河刻蝕的痕跡，但岩石的本身卻古老得多——即便是粉紅色的熔岩在陽光照射的志留紀（距今四億多年前）溫暖海洋中堆積形成島嶼、烏賊悠游其間的年代，這些岩石也已經很古老了。更往西的安布洛河沿岸，則有顆粒粗大、如內華達山脈般美麗的花崗岩，巨大的結晶顯示它們形成於地底深處的山脈（山脈？）根部。轉向北方的話，你還會見到更多火成岩，有些還帶有閃閃發光的銅鎳礦。然後你會來到一條令你羅盤亂顫的窄長形紅鐵礦結構前，此處形成於空氣中首度富含氧氣、鐵自海洋中鏽出的時期。若是你還沒喪失方向感，並往蘇必略湖方向前進，最後就會站在玄武岩熔岩流上，使你聯想到夏威夷的奇拉威火山或冰島首都雷克雅未克。

我們這忠貞的學院成立之前，威斯康辛州這一帶曾見識過眾多的移民、有系統的滅種屠殺、狩獵長毛象的活動、災難性的大洪水、大陸為冰河所覆蓋、氣候擺蕩、無情的侵蝕、海水氾濫、豐美的珊瑚礁、三代火山的生成、大氣中大規模的化學變化，以及一座重要山脈的興起。除此以外，此地沒發生過什麼事。

偶然的日記作家

當然，重點是，這裡就跟地球上所有地方一樣都有過去，但有些地方的歷史比較沉靜，也比較不會自我吹捧。許多（或許是多數的）歷史紀錄都太過隱晦，以至於不解其中精妙的人根本無法察覺它的存在。但紀錄不明朗並不表示它們所代表的年代不存在或是不「重要」；問題只在於無人有此餘裕可以逐一細數這些事件。若說內陸的歷史總顯得無關緊要或是反覆無常，那都是因為我們不曾花時間去了解它所呈現的一切：地景和文化的交匯如何使同一個地方能夠孕育出象形丘的建造者、毛皮商人、魔術師和球隊教練，氣候和岩床又怎樣聯手在一個年代裡支配了冰河的流動，在另一年代中支配的卻是熱帶珊瑚礁的位置。

公路地圖上的地名是人與土地互動的文獻記載，岩石與地景則是地球的無體系編年史，是無意間寫成的自傳。自傳總不免是過去事件的主觀敘述，因為記憶的不完美而變得模糊，受到淺短目光的限制，又基於美學、自我本位或法律上的理由而有所剪裁。寫自傳需要的是自我意識，這定義本身便已預先排除了寫出客觀、完整編年紀錄的可能。但地球本身的生命故事，卻是不帶自我意識卻仍被記載下來的自傳，它完全如字面所示，乃是由石頭書寫而成。

不幸的是，石頭卻被冠上了沉默寡言的名聲。**石頭般聾**、**石頭般冷**、**石頭般地沉靜**，甚或**呆若石頭**等形容，在在顯示多數人與腳下石頭無所關聯。但對地質學家來說，石頭是滿載圖解的文章，訴說著炙熱、風暴、苦難、災害與輪迴的歌德式傳說。這座行星在四十多億年的時間裡，在海沙、火山灰燼、花崗岩和深紅色的片岩裡，無意間就自己的過去寫下了一部風格獨具的豐富日記。

在這個行銷與形象製造無所不在的時代裡，還有這種中立得無情的文章存在，我們或許足堪告慰。我們對它所做的詮釋或許帶有偏見或缺陷，但我們可以確定作者本身並沒有什麼預設。若說這敘述無關道德、無關政治又漠然，那麼它也是普適的、平等的、絕對的。這故事比我們所有人都龐大，型塑它的規範則比所有人造的經濟、法律與宗教原理都更早也更優越。

就文學性而言，地球所訴說的自身故事，不過是個業餘的混合之作。文體自令人屏息的恐怖小說到一般的日記體裁都有，描述的行為自微生物的代謝到造山運動無所不包。生命的芬芳美好與死亡的惡臭細節占有同等篇幅。有些事件冗長得令人生厭，有些卻支離破碎、拐彎抹角，讀者必須自行拼湊人物和情節。

但這故事講述的是我們居住的所在，說的是大體上不錯或很糟糕的年代裡活過又死去的祖先，如何將這寬敞的住家交到我們手中的故事，因此這無疑是所有世人都該閱讀的文章。我們在拆下這座古老宏偉住宅（我們唯一的避難所）的屋頂，又改裝了暖氣系統之前，竟不曾費心了解過其建築結構的精微奧妙。而這個以宏大的型態維持自身、為期遠超過五千萬年人類史的結構，或許也能教導我們一點求生的本事。

岩石紀錄不是為了薰陶我們的道德而寫成的寓言集，但我們若不跟隨其智慧的腳蹤，那也未免太愚蠢了。地球與其雜多的系統經過千萬年的實驗，已然學會駕馭能量與平衡極端（混合與貯存、大與小、共工與競爭、保守與創新）之法。此種平衡若不存在，生命便不可能在這座行星上存在近四十億年之久。

「勢力均衡」或許正是地球最引人注目的性格特徵。當地球的姊妹金星正變得愈來愈熱，地球的兄弟火星正沉入愈見深沉寒冷的睡眠，我們的行星之家卻始終清醒而穩定。岩石紀錄中早期的條目（四十四億年前的少數澳洲鋯石結晶）就跟之後的卷冊一樣，都清楚顯示液態水自行星歷史的開端便一直穩定存在於地表。[1]地球曾經發燒也曾經寒顫，但卻從未罹患過氣候免疫系統無法克服的極端病症。這是因為地球擁有緩和危機的高科技和低技術策略，那是一種古老而令人驚嘆的制約均衡系統，海洋、大氣、生物圈和堅實的土地全都與此相關。

我們能自地球故事中汲取的教益並不只是比喻性的；倒不如說，這些教訓是原型設計，如果我們想要避免無可挽回的不穩定，就該在我們的經濟與社會體系中仿效這些設計。我們科學家書寫自然時，總是努力避免將研究的現象擬人化，壓抑了我們天生便會在一切所見事物中覺察自己的傾向。但我們在地球上認出自己並不奇怪，畢竟我們是地球的子女。我們忘卻自己是古老王朝最年幼的孩子，這才是我們所犯下的錯誤。對自己短暫興衰史的那種自戀執迷，使我們對更豐富深刻的家族英雄史蹟視而不見。而在閱讀岩石紀錄時，我們或許可以將地球稍微擬人化，因為我們也可以將自己「擬地化」，從而重新發現地球刻印在我們身上的歷史。

第一章 地球之道

水不斷落下，終將鑿穿岩石。

——希臘哲學家布魯達克

地球是座非常宜人的行星，而她的石頭日記顯示，如此宜人景況已有億萬年之久。此種超乎尋常的情況很容易為人所忽略，這就跟我們除非生病，否則不容易注意健康是一樣的道理。過去至少四十億年間，液態水經歷了隕石撞擊、氣候變遷和大陸重組，始終都穩定存在於地表，生命興盛的時間也幾乎與此等長。地球是個超級系統，由彼此相關、數不清的小型系統所組成，岩石、水、空氣和生命都參與其間。這些系統運作的空間尺度，從極度微小到行星等級都有，時間則自秒計乃至以千萬年計。曾為糖尿病、憂鬱症或債務所苦的人都知道，要維持生理、情緒和財務的平衡有多麼不容易。二〇〇三年癱瘓了美加東岸的大停電，也顯示建立複雜又穩定的系統之艱難。一個沒有集中式控制機制（如大腦、樂隊指揮或信託董事會之類）、一團混亂的系統，為何能在長時間內維持地球的穩定呢？

對此我們其實還不全然清楚。但若非這種平衡普遍存在，我們也就不可能在此思索這類問題。一座星球上要能出現有意識的生物，星球對居民的供給便必須穩定且溫和。世人一點一滴地開始理解這座最特異的行星究竟如何運作、為何能夠如此生機蓬勃。冗餘性、再利用和自我矯正的能力，是地球系統的關鍵特徵，是固態地球、海洋與大氣以及生物圈所共有的特質。

部門冗餘・冗餘部門——惰性與備用組件

地球的系統都很龐大，光是系統參與者的數目和物質的體積，便使系統得以具備足夠的穩定性。就行星尺度而言，地球的大小使之較其他岩石行星（包括水星、金星與火星在內）具有更高的熱惰性。此種熱優勢源自於一個幾何事實，亦即跟較小的物體比起來，大物體的「表面積體積比」比較小。設想一個邊長為L的立方體，每面的面積為L×L，因此整個立方體的表面積便是6×L×L。立方體的體積當然是L×L×L，因此表面積體積比就是（6×L×L）／（L×L×L），可以化約為6／L。L愈大，這個分數的值就愈小。行星雖然不是立方體，但球體也適用同樣的原則。就熱量而言，表面積愈大，熱散失就愈多。這就是老鼠的代謝速率比大象高的原因，單純只是因為身體小就比較不容易保持溫暖的關係。地球是岩石行星中最大的一個，因此長期以來所散失的熱量，便比小得多的水星、火星和月球少。而這些星球也都依其體積的大小，一個一個依序陷入構造休眠的狀態。

地球還有第二個與體積有關的熱優勢，與一則地質學家幸災樂禍講述的故事有關，說的是一名物理學家因為不願傾聽岩石而喪失專業聲譽的故事。十九世紀中葉，知名物理學家克爾文爵士以一種優美的數學方法計算出地球的年齡。他的理論基礎是一項假設，認為地球一開始是個熔化的球體，此後便穩定地冷卻下來。克爾文可謂是那個時代的愛因斯坦，是當時新興的**熱動力學**的領導者之一（絕對溫度K和克爾文低溫冷藏系統均以他的姓名命名）。這也難怪他會想要回答一八〇〇年代科學界的聖杯問題：地球有多老了？

達爾文的天擇演化新理論暗示著，從第一個生物出現起到現在，已經過了非常非常之久。達爾文本人對此深感苦惱，因為當時所估計的地球年齡並沒有這麼老。他在《物種原始論》一書中對此做了粗略的估算，其方法為：先計算英格蘭南部寬廣的維爾德谷地遭侵蝕而失去的岩石體積，再將之除以沉積搬運的近似速率。此一「維爾德剝蝕」的計算，所得出的最小年齡約為三億年。[1]克爾文的計算比這複雜得多，在數學上也無懈可擊，卻估計地球只有二千萬至四千萬歲，約只有達爾文估計值的十分之一（還不到目前所知地球年齡的百分之一）。這表面上看來無可非議的數字，使達爾文與當時的地質學家（達爾文自認是地質學家）大表不滿，因為這與他們對岩石紀錄的理解實在太不一致了。克爾文對他們的抗議嗤之以鼻，而這位物理學家對地球可能年齡為二千四百萬歲的優美估計值，在此後近三十年間（直到達爾文過世之後）都廣受接納。

克爾文所不知道的是，地球並非自形成起便簡單地冷卻下來，而是一直有個內部熱源使之保持溫暖。地球內部含有大量會產生熱量的放射性元素，如鈾二三八和鉀四〇等不穩定同位素，在地質年代中不斷分解並釋出能量，驅動了板塊構造運動，亦即地球較堅硬的外層，在流動性較高的內層上所產生的滑行運動。克爾文認為地球還很熱，因此必然還很年輕。沒有將放射性熱能計算進去，實在也很難怪罪於他，因為他從事計算的時候，放射線都尚未被發現（不過，早在他過世的一九〇七年之前十年，放射現象便已為人所知，但他卻選擇了不去考慮此一現象對地球年齡可能具有的意義）。地質學家很難原諒的，是他竟然宣稱這樣的計算，優於閱讀地球本身紀錄所獲致的結論。[2]

所以，體積大小使地球具有雙重的熱優勢：表面積相當小而能避免熱散失，但又擁有可觀的放射性元素存量可產生更多的熱能。雖然過去四十五億年間地球經歷了某種淨冷卻，但比起水星、火星和月球，其熱散失和熱生成卻幾近平衡。那些小世界早夭而亡，地球卻擁有溫暖可流動的地函，使地殼板塊即使已屆高齡尚能躍舞其上。

在生物界中也一樣，規模和生產力乃是生物圈致勝的關鍵。達爾文的「適者生存」理論，是以馬爾薩斯「人口成長導致資源競爭」的假設為基礎。達爾文知道大部分的動植物所產下的子代數，都多於最後能夠存活的數目，而他領悟到，這種過度多產可能便是天擇演化的驅動力。個體死亡而物種長存、適應、興盛。這種冗餘性被建入體系（如看似浪費的蒲公英種子、鮭魚所產下的無數魚卵等），使生物群落得以茁壯。相對地，若是一物種的族群數減少到關鍵門檻以下，剩餘數量便會過於稀少，使之無法與篩選個體的各種作用（疾病、盜獵、環境變遷等）並進。物種存亡若只繫於少數個體之手，那麼滅絕幾乎已是無可避免。

均等與對立

但這並不表示愈大就愈好，「足夠大」才是重點。事實上，物理和生物系統都需要抵消性的力量，來限制成長或界定最適規模。如果每個蒲公英種子或鮭魚卵都能長到成熟，未來世代所需的資源便會大遭減損。因此，稀少性同時具有鼓勵生育和限制族群數量的作用。隨著時間經過，生物會「計算出」存活機會，也只會繁殖這個數量，這是以個體付出高昂的能量（資源誘因）為代價，來確保未來世代能夠存活的族群數。

當然，地球的規模跟生物族群數不同，而是固定的，但它剛好也是熱穩定的最適型。地球若是大許多的話，熱生成就會超過熱散失，這座星球便絕無可能發展出自我維持的**板塊構造**系統所需的那種酥脆外地殼。

主宰地球其他物理作用的力平衡也同樣值得注意。比方說，地球上的山脈自我毀滅的速率，與其生長的速率幾乎相等。侵蝕和重力崩解兩種作用，都使山峰不致過於高聳。這兩種自然作用就跟累進稅制一樣，從最高大的山脈徵取最多，實行了一種地形平等主義。侵蝕主要是由水和冰河進行的作用，在最陡峭的坡地上作用力最大。而重力崩解作用的發生，則是因為山脈的重量超過支撐岩石的長期強度所致，這就跟傻瓜黏土所捏的球，會慢慢塌成一片煎餅是一樣的道理。最高的山脈延展崩平的速率最快，這就為地球的地形變化設下了上限。喜馬拉雅山脈和夏威夷火山群的最高峰，其高度（分別自海平面及海床起算）為八．八公里，這大概就是高度的上限。山的屬性是由其崩解所定義，就跟希臘悲劇英雄一樣。

奇特的是，並沒有非如此不可的道理，這只要瞄火星一眼就可以知道。火星上也曾有過活火山和液態水，但因為體積太小（只有地球的十分之六），這座行星的內部熱能散失到太空中的速率，便較其產熱的速率還快。它的地殼於是變成既厚又冷的硬皮，火山變得遲鈍，不再為大氣補充二氧化碳和水蒸氣。沒有了這些溫室氣體，氣候就逐漸變得寒冷。一般認為，如今火星上即便還有水，也都鎖在塵埃滿布的行星表面下方的永凍層裡。少了侵蝕作用的拆解，以及特別厚重堅硬的地殼來支撐，火星上的火山便持續處於休眠狀態。事實上，小小火星上的奧林帕斯山卻是太陽系中最大的火山，比地球上最大的夏威夷洛阿火山還要高大三倍；而地球上的火山早在能長到這麼大之前就被修剪掉了。

若說火星是個寒冷又滿布塵埃的陵墓，令人追想較具榮光的過往，金星就是個煉獄般的巨大漩渦，萬物從不安於常規。金星與地球大小相當，但是離太陽比較近，因此一直以來都很炎熱。但光是鄰近太陽，並不足以說明我們這座姊妹行星氣候何以這般酷熱，每天都是攝氏四六〇度左右的陰天。活火山依舊呼出二氧化碳和二氧化硫，但由於沒有與這些氣體生成速率相當的逆作用將之自大氣中移除，金星於是變成一座窒人的暖房。地球若不是設想出這個辦法，自空氣中萃取溫室氣體，並將之儲存在沉積岩裡，也會早就面臨相同的命運。地球近地表環境中，有百分之九十九的碳都儲存在自海水沉降而成的**碳酸鹽岩**（由石灰岩和白雲岩層所組成）當中。而金星上的二氧化碳要能離開大氣，唯有慢慢散逸至太空一途。

就某些方面而言，金星和火星分處於兩個極端，但它們變極端的理由卻都一樣：都欠缺調整地表狀態的**回饋機制**。「回饋」在一般口語中，單純只是指反應或回應。不過在科學上，這個詞是用來形容一種特定的逆作用，也就是一種重複性的作用或循環，一個階段的輸出（效應）是下一階段的輸入（原因），這種逆作用可正可負，可能具有放大效應，也可能是抑制作用。**正回饋作用**是「自我永續不斷」的作用，結果有好有壞。如果讚美小孩學校功課做得好會使小孩變得更用功，那麼這就是帶有正向結果的正回饋作用。另一方面，批評小孩功課表現差可能會進一步削減孩子的衝勁，這便是帶有負向結果的正回饋作用。小熊維尼觀察到「雪下得愈多，就會再下愈多雪」；媽媽說「美德就是你的回報」；我們也都知道「富者愈富」的道理。這些惡性或良性循環，以及螺旋性的上升或下降，形容的都是正回饋作用。在最佳情況下，正回饋作用會導向自我永續不斷的進展（成功、經濟穩定等），而在最壞的情況下，則會引發自我放大的波動（神經性崩潰、極度通貨膨脹、軍備競賽等）。

相反地，**負回饋**的作用在於使變動極小化或減弱波動。恆溫器、避震器、機械式調速器等裝置，都是為了提供負回饋所做的設計。美國憲法制約與均衡的體系，真是各種負回饋機制的集結，使政府具有惰性和穩定性。良好的健康也是由無數負回饋作用所維持；體溫、血糖、免疫力和食欲等等，全都由偵測並矯正身體變化的作用所控制。生理學家以**體內平衡**（恆定）一詞來形容此種生物學上內部常態情況的維持。恆定系統失靈可能會導致低溫症、糖尿病、重度過敏、飲食失調等各種使人衰弱的問題，甚至造成生命威脅。

地球的長期行星穩定性，可以歸功於作用在許多不同的空間與時間尺度上的「類負回饋機制」。在非常特殊的（正回饋）情況下，中國的一隻蝴蝶振翅，可能會影響到美國堪薩斯州的天氣，但在多數情況下，當地的一陣強風便會迅速將蝴蝶的餘波席捲而去。群山的對手存在於侵蝕作用和有限的岩石強度中。火山所呼出的氣態二氧化碳（決定全球氣候的重要因素）以穩定得驚人的數量，儲存在海洋碳酸鹽岩（石灰岩）的附屬沉降裡。在所有的岩石行星當中，唯有地球發展出這種自我調控的習慣。若是沒有它們，地表情況將會非常多變，生命或許很難快速演化。不過，有趣的是，生命本身也是許多此類控制系統的一部分。例如目前被隔離在石灰岩內的二氧化碳中，約有半數是微小的海洋生物，過去不斷自空氣中將碳萃取到自己的甲殼而成。這些細小的生物死去之後，牠們的殼便下落到海底，沉積作用與時俱進，上方的壓力遂將此種甲殼物質壓縮成石灰岩。生物圈是否就是地球長期均衡態的關鍵呢？

返回地母之家

地球的生物圈調解機制，是具爭議性的**蓋婭假說**的核心原則，此一假設認為，地球就像個超級生物，具有調節自己體溫與化學作用的能力。地球具有生命的想法，或許與人類文化一樣古老，但科學上正式發展出此一觀念，卻始於一九六〇年代美國航太總署僱請大氣化學家洛夫洛克與哲學家希區考克擔任維京號火星任務顧問之時。他們的工作是要設計一種裝置或方法，好探測火星這當時還屬未知之地的生物。洛夫洛克和希區考克很快就發現這種裝置根本就沒有必要。地球上的儀器已然顯示，火星那稀薄的大氣只不過是「火山的氣息」，大氣中充滿了二氧化碳，一點經生物作用修飾的跡象都沒有。[3]他們論證道，從化學的角度而言，火星那貧弱的大氣是死的；若是古代火山的氣息已朝靜止演化，並逐漸散逸至太空當中，那麼分子混合就恰正是你預料得到的結果。

為了尋找火星生物，洛夫洛克和希區考克回頭檢視地球。地球的大氣與火星形成鮮明的對比，不僅完全與火山噴發氣體不同，也處在一個化學非常不平衡的狀態下，其間極易氧化的化合物（甲烷和氨等）不可思議地與大量豐沛的氧並存。大氣必須持續獲得補充，此種「亞穩狀態」才可能持續，這就有點像騎單車，不持續前進就無法保持平衡。地球特異的氣體混合正顯示有生物作用不斷對大氣進行補充，如蒸散作用、呼吸作用、消化作用等。洛夫洛克和希區考克強調，地球大氣並非單純只是為生物圈所利用的獨立個體。相反地，生物圈持續不斷地製造大氣，大氣就像「貓毛、鳥羽或蜂巢壁」，本身不是生物，但「卻是生物的構造物……是生命系統的外延。」[4]此一簡潔激進的論點認為，地球上的生命不只是適應無生命的環境，也一直都在以有助於生物圈存續的方式修飾這個環境，而這正是穩定正回饋的一例。洛夫洛克接受了小說家友人威廉．高汀的建議，以希臘神話的大地女神為名，將他的構想命名為「蓋婭假說」。

洛夫洛克於一九七二年首度以一篇短小論文發表蓋婭假說，後來又於一九七四年與微生物學家瑪歌麗絲合作發表了另兩篇較長的論文，[5]但並未引起科學界多少注意。一九七九年，洛夫洛克在牛津大學出版寫給一般讀者的《蓋婭，大地之母》一書，科學批評者遂開始猛烈抨擊他的想法。最主要的指控聲稱這是個神學性的假說（這主要是起因於洛夫洛克充滿詩意的用語，而非他的科學意圖）；貶抑他的人認為，他這種論點暗指生物圈是具有目的（行星管理）的設計，是由某種全知的存在所管理。此外，批評者也指控道，此一觀念與達爾文的天擇演化並不相容；要說生物個體出於自身利益而來的行為，能夠在全球層次上影響地球的環境，看來實在不太可能。洛夫洛克則與同事華生以電腦模型**雛菊世界**對此加以反駁。[6]這個模型顯示，在天擇壓力下靜靜生活又死去的生物個體，可以透過簡單的回饋作用，而產生維持全球恆定的集體效應。

「雛菊世界」是個假想的類地行星，與地球大小相當，也以相同距離繞行一顆與太陽相似的恆星。這恆星就跟我們的太陽一樣，隨著時間過去而變得愈來愈亮，輻射出愈來愈多的熱。但雛菊世界的地表溫度在行星歷史的多數時間裡卻幾乎沒有改變，一直處在生物的容忍範圍內。這宜人的溫度之所以能夠維持，是因為這個只有深色、淺色和灰色雛菊存在的世界裡，生物圈一直都透過簡單的回饋機制在調節溫度。雛菊光是透過自身的**反照率**（反射能力）便影響了地表溫度。深色雛菊吸收了大部分的太陽熱能，淺色雛菊將許多熱反射回太空，灰色雛菊所吸收的熱則和反射回去的差不多。但是，雛菊個體的反射能力又如何影響全球溫度呢？

在行星歷史的早期，年輕的太陽還算相對寒冷，全球溫度只勉強能夠支應生物存活。這段時間裡，深色雛菊是最適物種，因為一叢深色雛菊便能製造出地區性暖點，有利於更多雛菊的生長。

不久後，行星上便因正回饋作用而滿布深色雛菊，而其集體效應將會使全球溫度比沒有生物時大幅提高。若是深色雛菊不斷繁殖，全球溫度就會超過容忍界線，天擇作用就會開始偏好顏色較淺、有助於冷卻暖點的雛菊，而這正是負回饋的範例。

起初，灰色雛菊的景況比淺色雛菊好，因為具有高度反射力的淺色雛菊叢沒有辦法維持生存所需的溫度。但太陽的熱輸出逐漸提高，終至淺色雛菊成為最適者，因為它們會製造出涼爽的綠洲，有利於更多淺色雛菊的生長。但如果地區性冷卻過度的話，天擇作用又會再度偏好深色雛菊。

於是，隨著時間過去，雛菊與溫度條件間的正、負回饋作用，便規制了雛菊顏色的混合。

雛菊個體對行星整體既無所知也不關心，但卻以這種方法控制了全球環境。到最後，太陽所產生的熱使溫度高到任何種類的雛菊都無法調節或容忍的地步，於是所有種類的雛菊都歸於滅亡。但整體說來，雛菊使行星溫度保持在容忍範圍內的時間，卻比欠缺生物媒介回饋機制時要長。

「雛菊世界」顯示，生物回饋（至少在理論上）能夠規制全球狀況。但這到底有沒有發生在地球上呢？蓋婭假說很難證明，因為地球跟雛菊世界不一樣，有著千萬物種和不同的生態系，全都以各種各樣的方式與環境互動。就算我們能夠量化地質作用中的生物活動效應，由於人類與行星的時間尺度並不相當，我們也很難證明其間的因果關係。比方說，我們已知二氧化碳經由生物媒介作用而儲存在石灰岩中，這是長期碳循環的一部分，但我們其實並不確定這是否就是一種負回饋作用。也就是說，我們並不知道：如果大氣中的二氧化碳濃度顯著提高，碳酸鹽礦物的生物沉降是否也會等量增加，從而抑制大氣中的二氧化碳濃度？此類問題顯然也受到科學界以外的關注。目前，蓋婭假說依舊是科學界激烈辯論的課題。有趣的是，生物學家對於活行星的概念抱持高度的懷疑，向來專研無生命物體的地質學家對此卻較能接受。

但即使是蓋婭假說的懷疑者也承認，此一觀念啟發了一些新的探索，如**生物地球化學**、**地質微生物學**，以及**地球生理學**等。這些高度跨學門的研究領域，全都試圖透過地球的大氣圈、水圈與岩石圈，來了解生物圈在眾多化學元素與化合物的變遷當中所扮演的角色。

舊者又新

碳、水、硫、磷、氮一直都在地表或靠近地表處運動，不斷以岩石中的礦物、大氣中的氣體、海洋中的離子、魚群和樹葉的形態輪迴轉世。例如，就算沒有人類活動的干擾，每年也有約四億四千萬公噸的碳從一地轉換到另一地，其中約有百分之四十五的碳是經由生物作用「再製」運送。同樣地，每年也有五十八億公噸的氮和七千四百億公斤的磷轉手。生物經手了百分之八十七的氮貿易，和百分之九十九以上的磷交易。即使是地球的**地殼**在老去之後，也會透過**隱沒作用**而返回工廠，亦即冷硬高密度的岩石沉回地球的**地函**當中。自然界裡沒有垃圾掩埋這回事；沒有什麼是無法使用的廢物，也沒有什麼會恆久長存，至少不會以特定形態長存。物質暫時棲身於各種不同的居所，然後又以新的外貌繼續前行。

每種特定系統（如水和碳等）的**蘊藏**都有其特定的**滯留時間**，也就是在其居所停留的平均時間。即使是在同一個生物地球化學系統內，滯留時間的差別也非常巨大。碳原子可能只在人體肺臟中停留一秒，之後卻在石灰岩層中度過數千萬年。蒸發進入大氣中的水通常一周後便埋單出場，但處身極地海洋深處的水卻忍耐得了在那裡住上千百年。海洋地殼在返回熔爐之前，通常會在地表停留一億五千萬年之久。不過，一切最終都會運行通過整個系統。地表和地下（就像我們的皮膚跟器官）一直都在更新，即使是做為零件而維持下來的總體結構，也會不斷地被替換掉。沒有永存之物，但一切也正**因此**而永恆。

火星上的永生則與此非常不同，火星上的古老火山是永存之物，但顯然是死物。其間對比有如有人居住的房屋和史蹟的差別。居住在房子裡總難免造成房屋耗損，也無法避免博物館中的家具展示品不會遇上的風險。瓷器會破掉，浴缸水會滿出來，爐火也會燻黑天花板。多數的時候這些小災害都能獲得矯正，不過成為家庭故事的一部分。過去地球經歷了無數家庭事故，也都很快又把事情挽救回來。但偶爾也會有許多系統同時出錯，於是威脅到整棟建築的結構完整性。損害若是太過嚴重，重建便不可免。流氓**隕石**所製造的大混亂（隕石襲擊活行星的可能，跟攻擊死「博物館」行星一樣高）不算的話，地球至少曾經有過兩次瀕死經驗，那時生物地球化學循環、海洋循環和氣候都錯亂至極，一般的回饋機制根本無法加以修補。第一次發生於距今約七億五千萬年至六億年的前寒武紀**雪團地球**時期，那是一次超級冰河期，可能連海洋都冰封了。另一次則是二疊紀到三疊紀之間的氧危機，引發地球史上最嚴重的大滅絕事件，在不到一百萬年的時間裡，約百分之九十的物種全都死亡殆盡（這兩次災難在第四章另有討論）。雖然地球最後還是自這些噩夢般的事件中復原了（否則你也不會在這裡閱讀這本書），但這兩次事件也都對生物圈的重組產生了深遠的影響。

地球賦格曲

某種意義上而言，地球系統之所以穩定，是因為它是夠大且不斷循環的矛盾集合體。地球的體積讓優美的自編舞蹈有時間浮現，一切都在這舞蹈中迴旋，一切都自有對位旋律。所有的物體或行為都自對立面獲得力量：個體自整體獲取力量，競爭自合作中獲取力量，創新自保守獲取力量，混合自儲存中獲取力量。特定的韻律和風格在地質時間中的變化很緩慢，但舞蹈的基本風格始終相同，那就是互動、抑制和輪迴。

所有受自然影響而進化的生物，都為自然的律動所形塑。若我們以為可以自外於這場舞蹈並自訂規則，那未免太愚蠢了。那不過像是蹺課，到頭來傷害的是自己。我們的骨骼因重力常在而演化，若是沒了這股挑戰骨頭的力量，骨骼也就失去了強度。同樣地，若是演化史上常在的「稀少性力場」不存在，我們也會丟失一些潛能。一旦足以生存，我們就會渴求限制；這就是這場舞蹈的基本原則。我們深刻了解到，無止境的消費和不受挑戰的政治權力，違反的是古老的地球律法，唯一不確定的只是懲罰的內容而已。

後果之一是：一度龐大的地球已經開始萎縮，至少在相對意義上是如此。如今地球上大規模的人類活動，已可與自然作用匹敵。我們正在改變全球舞蹈的背景旋律。我們漫不經心地就把地區性侵蝕作用提高了兩、三倍，將全球磷流出量提高了百分之十。人類（經由燃燒化石燃料、森林砍伐和混凝土製造行為）釋入大氣的二氧化碳，高達每年八十億公噸，這比地球火山的年度總釋出量還高出十六倍以上，較碳酸鹽岩自海水中吸取二氧化碳的速率快了四倍。為了回應我們的活動，地球交響樂團不得不加快節奏，但由於沒有指揮，所有演奏者和部門要就這一點有所溝通，就要耗去許多人類世代的時間。地球也有可能像過去一樣，把握這個機會，從事無法預料結果的實驗，在未來數千年間採用不同的節奏，直到最終安於一個新的旋律，而這旋律可未必合於我們的口味（如果到時候我們還存在而能去品味它的話）。

不確定性非常高，但若我們還想要保有我們的社會、政治與經濟結構，希望能夠安然度過意外，我們就必須要了解可能的後果有哪些。幸運的是，地球保存了過去生物地球化學劇變的良好紀錄。而要閱讀此一紀錄，我們就得使用岩石的語言。

第二章　初級岩石讀本

世上廢墟建築何其多，石頭卻無一是廢墟。
——蘇格蘭詩人麥迪米德（格理夫，一八九二～一九七八）

認識岩石共通點

對多數人來說，在海灘上撿拾卵石是個富於美感的消遣，是令人心情平靜的牧歌。這些石頭平滑、閃亮又多彩，有的火紅，有的帶有老虎似的斑紋，在口袋裡相互碰撞，發出悅耳的聲響。但對那些了解岩石語言的人來說，在礫石灘上漫步卻令人忽忽欲狂。海灘上的所有石頭，就像不斷發出爆炸聲響的無線電波站所傳送的間歇性電波，慷慨激昂地陳訴自己的過往。有些樂句或旋律在噪音中或許仍可辨識，但全部加起來卻嘈雜不堪。所以，要觀察岩石，最好在家裡，或是在它們原始棲地的野外露頭處，在這些地方我們才聽得最清楚。

「野外露頭」是岩床（地球的骨架）暴露於地表，且未因植被、土壤或鬆散的沉積物而變得含混難辨之處。上個冰河期為冰所覆蓋的地區（包括北美許多地區）中，床岩通常都埋在厚重的冰積層之下，深感受挫的地質學家於是不怎麼莊重地稱此種物質為**上覆蓋層**（overburden，意為「負擔過重」），冰河學家則禮尚往來，狡猾地將岩床稱為**下覆蓋層**（underburden，意為「負重不足」）。乾燥不毛又多山的地區裡，裸岩就躺在陽光下取暖，因此很容易找到野外露頭處，但在潮濕且地形複雜的地區（如美國的印地安那州），野外露頭就很不明顯。少數暴露於地表的岩石，也總是隨著時間經過而為地衣所覆蓋（機智的地質學家會學習從地衣的顏色來辨認岩石種類，如橙色地衣下是玄武岩，綠色則是花崗岩）。河床大概是唯一可觀察到新鮮自然岩床外暴的地方，地質學家於是尋找採石場和道路中斷之處，因為挖掘機和炸藥已然在此開啟了通往地質檔案室的窗口。

一旦找到自然棲地中的岩石，重要的就是辨識出這些遠古陌生時代的倖存者所使用的共通語言。在難以想像的久遠年代裡，地質狀態與今日非常不同，我們又何能假設可以了解那個年代所形成的東西呢？地質學第一個也是最重要的假設稱為**均變說**，簡單來說，即是指現在就是通往過去的鑰匙。也就是說，我們對當今地球上所發生的作用的理解，可以用來解釋記載著往日時光的岩石。以均變說的概念做為討論的依據，今日看來似乎再自然不過，但十八世紀此說首度現身時，卻是一等一的思想革命。這個概念比乍見之下更為奧妙；而過度熱心地運用均變邏輯，有時卻也會矇蔽地質學家的視野。

在一八〇〇年之前，已有人有過均變說的構想（包括達文西在內，他的筆記本中就有許多關於地質現象的犀利素描和形容），但赫登才是賦予此一概念現代形式的人。這位蘇格蘭的紳農兼醫師，有幸接觸到被稱為「愛丁堡啟蒙運動」的一群天才人物，這圈子裡的人有經濟學家亞當．斯密、哲學家休謨、伊拉斯謨．達爾文（達爾文的祖父），以及蒸氣引擎的發明人瓦特等等。[1]赫登在多數的古典地質學文章中，都被視為英雄、「地質聖人」、大無畏的**災變說**屠龍手。赫登死後，「災變說」被用以指稱以特殊事件或《聖經》故事來說明地貌與岩石形成的理論；不過赫登顯然並非受到當時「對手」的刺激，甚至沒有特別意識到這些理論的存在。他也被視為是倡議以科學邏輯取代宗教式非理性的人，但事實上，他對地質事物的興趣，似乎是源於一種深刻的性靈思考，此外他也有先獲致結論，事後再為結論尋找證據的習慣。[2]

赫登是氣候潮濕地區的地主，知道每年土壤都因海水侵蝕而流失，而他又是個信仰虔敬的人，因而對上帝竟會容許陸地如此輕易被磨損掉而深感困擾。於是他開始尋找土地會再生的證據，並且直覺地認為證據只可能存在於岩石裡。他了解到，蘇格蘭東部海岸斷崖上暴露出來的岩石，乃是起源於更古老的大陸岩層中的沉積物。這名蘇格蘭農夫憑藉著這點洞見，提出了地質學的核心概念，同時也提出一項極具說服力的論斷，指出地球的年紀遠比教會所稱的六千年要老得多。他在一七八八年所發表的論文〈地球的理論〉中，展現了對於現代地質學原理的驚人理解：

古老世界的遺跡依舊存在於我們行星當前的結構裡，如今組成大陸的那些地層，過去曾身處海洋之下，乃是形成自早先存在過的大陸的殘骸。如今，即便是最堅硬的岩石，依舊為同樣的力量，透過化學分解或機械性暴力所破壞，並運往海中，它們在海中四散，形成與更古時代相似的地層。[3]

啟蒙運動者萊爾誕生於赫登過世的一七九七年，後來成為最熱心宣揚均變說的人之一。他在影響深遠的三冊《地質學原理》（於一八三〇～一八三三年出版）中論證道，不僅自然法則自古至今始終如一（這是赫登看法的重點），受這些法則支配的地質作用，其強度與速率也一直維持恆定。《地質學原理》的副標題很有效地說明了這一千四百頁巨著的內容：**試圖藉由如今尚在作用的原因說明地表過去的變遷**。萊爾以自世界各地蒐羅來的例子，支持「地球像小飛俠彼得潘般不斷變動，卻很奇怪地維持著靜態」的論點，而其間唯一不曾改變的，唯有變動過程的速率和本質。萊爾對於地球處於穩定狀態並不斷循環的觀點非常狂熱，後來他甚至想要否證愈來愈多的生物演化證據（《地質學原理》的寫作時間較達爾文的《物種原始論》早了二十年以上）。接受生物會與時俱變的觀念，等於是承認地球在某種意義上正在老化，且某些地球尺度的原則也已隨時間而變動過。[4]（雖然大家一向認為化石保存了死生物的遺骸，但在一八三〇年代，並非所有的自然科學家都知道有些遺骸屬於已經滅絕的物種。萊爾在人生晚期接受了生物演化的事實，也成為達爾文的良師益友。）

萊爾對生物演化的駁斥很快就變得站不住腳，不過他那嚴格的均變說信條（有時也稱為**漸變說**），卻直到二十世紀晚期都還深入地質學家的集體潛意識。因此，以人類歷史所無法理解的大規模或急速事件，來解釋地質紀錄的行為，在萊爾之後約一百五十年間，都被視為不科學而遭到揚棄。直到一九八〇年代，出現了明確證據，顯示恐龍滅絕事件主要起因於巨型隕石撞擊，嚴格的萊爾教條才終獲解除。我們當然還是戴著均變說的眼鏡檢視岩石紀錄，但我們也了解這當中其實帶有那麼一點夢幻色彩。地質史上確曾發生規模大得可怕的事件，但這些事件並未違反均變說原則，因為它們也同樣為不變的自然法則所主宰。換句話說，以地球的長期觀點來說屬均變之事，對人類而言卻可能是天大的災難。

岩石的各種名字

現在，我們已有信心可以解釋非常老的岩石，下一步便是要知道如何直呼其名。不熟悉岩石的人通常都將所有具有可見結晶的岩石稱為花崗岩，所有白色或淺灰色的岩石稱為大理岩，此外的若非砂岩便是板岩。這是可以理解的。分類命名是件繁冗乏味之事，地質學家也都承認自己喜歡自製地質新詞和帶有多個前綴的語詞。但若是不使用某種語言來描述所觀察到的事物，解釋便不可能存在。就這個意義而言，地質詞彙乃是一種後設語言，是描述岩石文法的語彙，是邁向理解岩石意義的第一步。

理想上，我們應該可以提出一個簡潔、清楚、放諸四海皆準的分類系統，就像那種大大小小的生物都有名有姓的林奈生物分類系統。但岩石有各種不同的起源和屬性，與具有共同始祖的生物並不相同。因此便出現了許多不同的岩石命名系統，而這些系統多少都有點不是很簡潔。幸好所有人都同意，岩石可以分為以下三大類：於熾烈熔化狀態下所形成的**火成岩**、起源於早先岩石並於地表沉降的**沉積岩**，以及在固態時由溫度、壓力或變形作用（或此三種因素共同）塑造出來的**變質岩**。細心的人當然很容易便能指出例外，而對此種分類方法構成挑戰：生成於火山灰中，後來被水搬運並沉降的岩石，是火成岩還是沉積岩？鬆散的沉積（這是沉積岩形成過程中必不可少的階段）到什麼程度就該算是變質岩？地質學家所受的訓練當中，有一部分就是在學習忍受這種分野上的模糊地帶。

這三大岩石群中各有許多岩石種類和更多的岩石名稱。名稱過剩顯示純粹的描述幾無可能。事實上，所有有用的分類系統，都建立在「某一特質最重要」的假設之上。例如對於將岩石當成建材的人來說，最重要的特質可能是「強度」（斷裂性）。事實上，頁岩、板岩、片岩這些名稱，都在指稱其易裂的性質。頁岩（shale）起源於古英文中的 scael，這個字同時也是 shell（甲殼）、scale（鱗片）、skull（頭骨）以及古斯堪地那維亞語 Skaal（酒杯，據說維京人有拿頭骨飲酒的習慣）的字根。板岩（slate）起源於古法語的 esclate，意指「裂開或裂成碎片」；slat（百葉窗片）也是同樣的字源。片岩（schist）是一種雲母狀的變質岩，這個字由德文傳來，但可以上溯到古老得多的印歐語字，意指「切割或撕裂」；scissors（剪刀）、schism（分裂）以及 schizophrenia（思覺失調症）字源也都相同。黏土（clay）所形容的是相反的屬性，有著印歐語字根，與 clod（泥塊）、clump（團塊）、glob（一團）、glom（占據）和 glue（膠水）有相同的字根。但如果你的興趣在於將岩石當成文章來閱讀，而不是將之當成屋瓦，那麼「成團 vs. 分裂」的分類標準就不怎麼有用。沉積岩和變質岩都很容易呈層理或分裂，但原因卻各不相同。它們可能並肩出現在乾石牆上，但所講述的卻是極不相似的故事。因此，我們所需要的分類系統，至少有一部分必須以我們對岩石創生的理解為基礎，但又不能有礙我們思考不同的解釋。

地質學這個領域至今都還帶有十九世紀分類偏見的印記，使人在面對自然的變化與歧異時，能夠獲得一種令人安心的有限感與確定感。地質學的傳統子領域（礦物學、研究岩石的岩石學、古生物學、研究層狀層序的地層學、研究地形的地形學），基本上也都與一八〇〇年代晚期地質博物館展示廳中的名稱相呼應。直到非常晚近，這些管窺型的子領域才開始經由地球生物化學及古代氣候學等新領域，讓道給地質現象的全視觀點。但命名法則卻比孕育它們的體系活得更久，隨著時間經過，地質學的專門術語更是已經成為時代錯亂、同物異名和有用詞彙別具風格的混合體了。

馬克．吐溫就很了解地質學詞彙之豐盛。他在《馬克．吐溫自傳》（一九〇七年出版）當中提及一名頭髮花白的河船舵手，以地質詞彙為自己的語言添加風味：

> 身為一名大副，他是個驚人且稱職的咒罵者，那是幹這行所必備。但他擁有一套河上其他舵手都沒有的字彙，使他比這行中任何舵手更能說動那些好吃懶做的碼頭工，因為這些字眼雖不瀆神，卻很神祕而可怕，使人深受驚嚇，覺得聽來比河上服務業所有

船頭上找得到的語彙都還要瀆神個五、六倍。（他）沒受過什麼教育，只會閱讀和某種類似書寫、足以哄騙他人的能力。他讀書，讀得又多又勤奮，但他整座圖書館裡只有一部書，那就是萊爾的《地質學》。他抱著書不放，直到所有陰森可怕、刺耳難聽的科學專有名詞全都朗朗上口為止，但他卻一點也搞不清楚這些字是何意思……他只是想要用這些非凡的字眼來激發碼頭工人的能量而已。情況特別緊急的時候，他會像火山噴發般爆出一般老式的正統瀆神咒罵語，混合佐以壯觀的地質用語，然後正式指控他的碼頭工人是白熱不等趾足後上新世時期的古志留紀無脊椎動物，再詛咒他們整幫人死後都下地獄。[5]

地質用語以及將之精準應用到岩石上的行為（如「啊，多迷人的縫合面微晶啊！」）具有一種咒語般的力量，這當中確實存有一種無可否認的樂趣。但在本書中，我們注重的是解讀岩石的本身，而非地質學語彙，只有在這些用語有助於我們閱讀地球自傳，或這些名稱本身能夠闡明石頭的人類論述史時，才會介紹岩石的名稱。

三種岩石語言的文法和語法

岩石的三大類別就好像不同的文體。要找軍事史資料時，你不會去查閱烹飪書籍，因此你也不會期望沙岩能夠告訴你什麼地球內部的訊息。若你感興趣的是地表過去的情況（如古代氣候、生物活動或水體分布等），沉積岩會是最好的參考著作。火成岩編年記載著地球的長期氣候演進，也使人得以一窺無法企及的地底深處所發生的作用。以一種型態（如沉積岩或火成岩）出生，又因遭遇的新環境而轉化的變質岩，是岩石世界裡的旅行作家，記述著它們在地殼中的驚人旅程。因此，知道該向何種岩石提出何種問題，又要如何提問，便是非常重要的一件事。

揀選沉積岩

沉積岩是百分之百的回收產物，是由以前存在的岩石風化、侵蝕而來的物質所形成。由水（或風或冰）以物理粒子的型態沉降而成的沉積物，稱為**碎屑沉積岩**（字源為希臘語的「斷片」），有時也稱為**岩屑沉積岩**（detrital，與 detritus〔碎石〕和 detriment〔損傷〕有關，兩者的字源均為拉丁文的「變小」）。**沙岩**便是一種碎屑沉積岩。**石灰岩**和岩鹽等沉積岩，則是水中溶解原子過度飽和，於是產生化學沉降所形成（有點像是岩石結晶）；此類岩石稱為**化學沉積岩**。

碎屑和化學沉積岩都是經由水或大氣作用而形成，因此無水、無空氣的月球上沒有沉積岩（只有隕石撞擊所留下的岩石斷片而已）。近來的火星高解析度照片顯示，火星上可能有著古老的層狀地層，這與火星地表上一度有過液態水的證據一致。也許火星以前也就自己的活動寫過一些零散的日記。

碎屑沉積岩大體上又再依其構成粒子的大小而分類；主要的三大類按由小到大的粒子順序排列，分別為**頁岩（泥岩）**、砂岩及**礫岩**。另一種命名法將之稱為泥質岩、砂屑岩及礫質岩，其字源分別是希臘文的黏土、沙與礫石（選舉學〔psephology〕這個詞便起源於古代以礫石〔pebble〕投票選舉的行為）。地質學家甚至為粒子的大小下了精準的量化定義：就專門意義而言，沙是指一又十六分之一至二公釐的顆粒；更大的粒子則分為細粒、礫石和卵石；任何大於二五六公釐的顆粒則統稱為巨礫。沉積岩學家花許多時間拆解碎屑沉積岩，讓粒子通過一層層愈來愈小的過濾器，藉此確定它們的顆粒大小，而過去半世紀最重要的沙岩專家之一，正巧便是哈佛大學的學者西佛（Siever，與「過濾者」同義）。

以顆粒大小做為分類基礎是個明智的選擇，因為這能反映沉降媒介（水、風或冰）及其運動的速度。水和風很有效地將沉積物依大小分開（其實是依重量，不過若是所有粒子的成分和密度都相同的話，重量與直徑是一樣的意思），搬運一定大小以內的粒子，較大的粒子則被留下。礫石礫岩的沉降一定發生在水流或波浪使沙粒保持懸浮的環境中。泥岩則告訴我們水體之平靜，連黏土粒子都能夠安靜地沉澱。相反地，黏土、沙和卵石的大雜燴簡直就是在大吼「水沒來整理我們」；我們知道對所有顆粒一視同仁的冰河冰就像鏟雪機一樣，會將最細緻的岩粉跟福斯汽車大小的巨礫一起帶走，此外唯有沿著斜坡翻騰下降的黏性泥流才會產生粒子大小如此不一的沉降，因此我們便有必要更仔細研讀，以分辨此一沉降究竟是由冰河還是重力所造成。

顆粒大小只是對碎屑沉積岩所提出的第一個問題。沉積岩還透過顆粒的形狀，訴說自己與母岩的距離。角狀碎塊顯示被搬運的路程很短，沒什麼時間將稜角磨圓。而在顯微鏡下，顆粒的表面質地也會透露傳記線索：被風搬運的沙粒帶有凹痕，表面因無數其他顆粒的撞擊而「結霜」；被水搬運的沙則泰半都有光滑的表面。

礦物成分是最能透露碎屑沉積岩來歷的特徵之一。研究所謂「硬岩」（火成岩和變質岩）的地質學家有時會嘲弄地說，研究沉積岩跟透過鋸木屑來研究樹木的行為很類似。地球上的山岳雖因侵蝕而稍縱即逝，其岩屑卻可能單獨存在於地質紀錄中，成為已逝地景的唯一線索。礫岩尤其含有足夠大的較老岩石，本身便值得閱讀，因為那是更古時光的文章殘篇。十九世紀的地質學家已有能力以造山運動每次搏動所留下的粗糙楔形碎屑（堆積於低窪地帶的沉積崖坡）為基礎，重建美東阿帕拉契山脈演化的主要階段。舉例來說，紐約州卡茲奇山脈的石英礫石**布丁岩**（礫岩），便是一道大山脈崩解的詳細紀錄。

沙岩也可能記錄下古代大陸岩層的資訊，但沙岩的顆粒通常都已經過搬運和風化的作用，因此必須透過統計透鏡才能加以解釋。多數沙岩主要都由石英礦所組成，這並非因為石英是地殼岩石的優勢礦物（長石才是），而是因為石英對物理磨蝕和化學攻擊的耐受力特別強。另有一小群火成礦物的耐受力更強，但在沙岩中的數量卻少得多，這些礦物的存在可指明沉積岩的出處起源。這些礦物包括金紅石（二氧化鈦）、電氣石（富含硼矽酸鹽的複合物）以及鋯石（矽酸鋯），全都起源於以此類礦物為次要成分的花崗火成岩。要找到少許這種針尖大小的礦物粒子，真的就像是大海撈針，但報酬卻很豐碩，尤以在古老的沙岩中找到鋯石為然。

鋯石報償特豐的原因如下：鋯石結晶是嚴密封印的地質時空膠囊，頑強到可以經歷好幾次風化、搬運、掩埋、侵蝕、甚至高溫變質作用（熱到足以將其他較不耐受的礦物都熔化）還存活下來，也不會喪失對自己來歷的記憶。藉由計算放射性的鈾衰變為子代元素（鉛）的速率，鋯石結晶尤能提供高度精確的結晶年齡。因此對於想要重建最古地球地貌的人來說，鋯石顆粒不啻聖杯。在沙岩中發現的鋯石結晶，其**同位素年齡**並不會告訴你沙岩的年紀，它透露的反而是沙岩正在沉積時，暴露於地表的岩石年齡和狀態。事實上，已發現的最古地球本土物件，便是一個自澳洲西部的古老沙岩中所取出的微小鋯石結晶。這令人肅然起敬的古老結晶所透露的，是令人大感震驚的四十四億鈾鉛年齡，這表示在地球生成後僅僅一億五千萬年後，穩定且可能很堅硬的地殼便已經存在了。[6]

若是不要像近視眼般盯著沉積岩中的個別顆粒，向後退一步來審視整幅岩石點彩畫，岩石還會透露更多關於起源的訊息。岩石呈層狀嗎？這些分層是水平連續的嗎？是厚、是薄、還是厚薄不一呢？若是厚薄不一的話，厚層是隨機出現，還是有規律地反覆呢？碎屑沉積岩的分層通常代表了個別的沉降事件（如河流中的春季融水流），或是沉積物的累積在非沉降時期間的中斷（如連續乾年所造成的淺湖乾涸）。

地層學是研究（層狀）沉積岩層序的學問，這領域中有個長年不斷的哲學論辯，探討沉積岩紀錄到底主要是代表平常事件（如波浪和潮汐）還是非常事件（如颶風和洪水）。英國地層學家艾加是後者這高度非萊爾解釋的擁護者，他論辯道，地質紀錄就像士兵的一生，代表的是為短期恐怖所打斷的長時間無聊生活。[7]艾加舉例道，波浪日復一日地拍打海灘，通常不會導致沉積物的累積（因為沖進來的沙跟被沖出去的一樣多），但像一九八九年發生於美東的「雨果」颶風那類罕見的大規模事件，卻會在地質紀錄中留下看來突兀的巨大沙堆。在大型暴風發生後數十年或數百年間，這些沉積物又被日常的波浪和生物活動所整修，而產生沉積學家稱為**變餘構造**（palimpsest）的地層。（這個詞彙的字面意義為「再生羊皮紙構造」，比喻極為貼切——再生羊皮紙卷是沒有完全刮乾淨又再重複書寫的羊皮紙手稿，其字源為希臘文的「再刮掉」。）艾加將此種危機／靜止的循環稱為「量子沉積現象」，而許多過去認為經由單一穩定累積而成的地層，如今也都發現其實帶有猛烈風暴沉降的特徵。此種岩石有著富於莎翁情調的名字，稱為**風暴岩**（指莎翁名劇《暴風雨》）。

但沉積岩並非全都是「狂飆運動」的紀錄。我們在許多具有沉積結構的岩石當中，都找到尋常事件的豐富證據：漣漪痕跡使人聯想到平靜流動的溪流；帶有曲折溝槽的石刻畫，是古代節肢動物在海床上搜尋食物所留下的痕跡；頁岩中蜂巢般的窟窿，則記錄下使人昏昏欲睡的濕泥巴乾涸事件。有些沉積岩甚至因其有條不紊的一致紀錄而卓有聲譽、備受敬重。這些可靠的**規律岩**沉降的環境，其沉積補充物乃是由季節性循環所控制，而非災難電影般的轟動事件。

紋泥（字源為瑞典語的「分層」）是堆積在冰河或峽灣中，呈規律條帶狀的沉降物。夏季時分溪水汩汩流過，將泥沙帶入靜水盆地。然而溪流在冬季時分卻陷入冬眠，賦予冰河湖那脫俗天藍色調的細緻黏土，便在冰封的水體表面下靜靜地沉澱。就這一點而言，紋泥就好像樹木的年輪，每公分厚的沙／黏土層都對應著一年。在某些斯堪地那維亞的湖泊當中，連續不斷的紋泥紀錄可回溯時光達一萬三千年之久。其他種類的碎屑也與沉積物一同被掩埋：花粉和孢子記錄下直到冰河期終了之時曾有過的植物變遷；中世紀紋泥中的微量金屬，則記載了早期的鉛礦開採活動。我們地質學家總是輕鬆談論千百萬乃至數十億年的時間，但有能力倒溯時光，在地質分層上標記年份，依然還是有點令人毛骨悚然。

三十二億年之久的岩石中所發現的潮汐規律岩，記錄了地球早期所受到的月球牽引。在保存得最好的沉積岩中，每日一次的漲退潮、每月兩次的小潮和春潮，以及季節性的循環，全都歷歷可見。由這些謙虛保守的地層中，可以得到如下令人震驚的天文推論：古代潮汐沉降的規律顯示，過去的月球軌道幾近圓形，這與月球的形成，起因於一座火星大小的行星，與尚在形成中的地球發生巨大互撞的當前理論相一致。顆粒大小的變化暗示著：過去的潮汐較為猛烈，以前月球也比現在接近地球許多，這又再度與模擬月球猛暴起源的電腦模型相一致。一年中所存在的日分層與月分層的數量，或許是其間最驚人的一點，因為這清楚表示當時地球的自轉比較快。十億年前，地球上的一天只有二〇．四小時（不過一年卻有四三〇天）。[8] 潮汐本身使地球慢了下來，其作用就好像固態旋轉地球上的巨型水力煞車。

你得找到對的岩石提問才行。

硬石酷異聽

火成岩與變質岩和形成於常見地表環境的沉積岩不同，乃是來自於通常無法接近的地下世界。「硬岩」有屬於自己的祕密語法，要閱讀它們，還需要多一點的邏輯推論和堅持毅力。由於我們對當今地表之下的作用沒有足夠的認識，無法理解過去的地下紀錄，要將均變說直接應用到這些岩石上便比較困難。不過，一旦聽懂它們的慣用語，我們也就可以轉譯這些岩石了。

花崗行星

火成岩依舊為古典諸神所統治，被分為火山岩（volcanic rock，這名字起源於熔鑄地表的火神伏爾坎）和深成岩（pluton，以冥界之神普魯托的地下王國為名）兩類。這兩類岩石又稱為**噴出岩**和**侵入岩**，不過這兩個名字就沒有那麼形象化。結晶大小是確定火成岩是在地表之上或之下冷卻的關鍵。岩漿中的原子要花時間才能排列成士兵般整齊有序的礦物晶格，若是冷卻速率很快（如熔岩由火山噴出的情況），結晶就沒有時間可以自我組織。在極速冷卻的情況下，根本就不會有結晶生成，所形成的是**黑曜石**（火山玻璃），那是一種結構上仍屬液態的非結晶型固體。**浮石**是輕得可以浮起來的海綿狀火山岩，也是一種玻璃，是由氣態火山噴發的飛沫凝結而成（浮石的 pumice 與 foam 和 spume〔泡沫〕有著同樣的古老印歐語字根）。深成岩則與此相反，是在自己的地窖裡緩慢冷卻而成，含有橄欖石、輝石、長石、雲母、石英等特定**礦物**粗粒，每一種顆粒的形成都有一定的溫度範圍。

火成岩中的礦物使人得以察知形成火成岩的熔化源。所有地殼中的岩石，最終的來源都是地函，也就是構成地球體積百分之八十以上的岩狀中間層。但如果你取出一份典型的地函標本，並將之整個熔化掉，所產生的卻是富含鎂但只有少量矽的岩漿，跟現在的火山熔岩一點也不像。因此，這當中必然存在著自「生」地函選擇性萃取某些元素的作用，有點像是行星規模的蒸餾作用。

分熔是此類作用之一。假想炎熱的夏日裡，有一群人在棒球場外排隊等候買票。隨著太陽在天空中攀升，熱度便升高到某些人無法忍受的程度。他們放棄在隊伍中的位置，跑到對街的冰淇淋店裡去避難，於是一小群不耐熱的人就與耐熱的多數人分開了。分熔的運作方式與此相似。想像一塊岩石被慢慢加熱到只有最不耐熱的成分（通常是含矽與含鈣、鈉等較大離子較多的成分）開始熔化的程度。熔融微滴的密度較其他耐熱岩石低，於是可能會上升而形成岩漿（非常熱的冰淇淋店）。冶金學上也有稱為「區域純提」的處理程序，是用來讓工業用金屬「出汗」，好把雜質排出的過程。而在地球上，分熔則製造出海洋地殼，是一層稱為玄武岩的深色火山岩，覆蓋了地表三分之二的面積。

玄武岩主要是由富含鐵和鎂的輝石，和富含鈣、稱為斜長石的長石所組成。但火成岩石學家（岩石的 petra 是希臘文的「岩石」，跟 saltpeter〔硝石〕和 petroleum〔石油〕有相同字根）比較喜歡把他們的岩石煮爛，不以礦物成分而以所含元素氧化物的重量來描述岩石的成分（參見表2.1）。這就有點像形容一塊麵包時，不說它混有多少麵粉、酵母、糖和水，卻說出它的特定碳、氫、氧組合。不過這樣確實有助於強調多數火成岩的地球化學譜系。

從親代地函的**橄欖岩**（因其中呈橄欖綠色的優勢礦物「橄欖石」而得

表 2.1
以主要元素氧化物比例表示的地函岩石、玄武岩和花崗岩平均成分

元素氧化物	地函岩石（橄欖岩）	玄武岩（海洋地殼）	花崗岩（大陸地殼）
氧化矽（SiO_2）	45.2	50.06	72.04
氧化鋁（Al_2O_3）	3.54	15.94	14.42
氧化鐵（$FeO + Fe_2O_3$）	8.48	11.4	2.9
氧化鎂（MgO）	37.48	6.98	0.71
氧化鈣（CaO）	3.08	9.7	1.82
氧化鈉（Na_2O）	0.57	2.94	3.69
氧化鉀（K_2O）	0.13	1.08	4.12
磷酸鈣（P_2O_5）	微量	0.34	0.12

來源：A. Ringwood, *Composition and Petrology of the Earth's Mantle* (New York: McGraw-Hill, 1975)

名）到玄武岩再到**花崗岩**，其主要元素組成中最顯著的趨勢，就是矽（Si）、鈉（Na）、鉀（K）含量增加，以及鎂（Mg）含量劇減。玄武岩可能只經一次地函物質分熔便產生，玄武岩地殼因此有時也被稱為「二代地殼」。月球上的**低地**（又稱月海）以及火星和金星上，都有大片地域覆蓋著跟地球海底並無二致的玄武岩，這表示過去這些星球的地函曾有過分熔，因而製造出這些玄武岩蒸餾液。

但帶有粉紅色含鉀長石與蒼白石英的花崗岩，卻顯然為地球所獨有。地球大陸地殼主要是由此一類型的岩石所構成，但它與橄欖岩非常不同，不可能只經由單一階段的地函岩石分熔就製造出來。玄武岩分熔之後所形成的岩石，再經過一次分熔，便有可能產生出少量的純花崗岩。換句話說，如今地球上存在著相當大量的花崗岩，證明了有長期行星規模的精煉與再精煉存在。這就好像有個巨碗，裡面泰半都是綠色的軟豆糖，而有人有系統地撿出那些罕見的粉紅色和白色豆糖，再將它們鋪陳成表面層。只有地球上才有此等由地球內部成分所少見的物質組成的「三代」地殼。

因此，首先要向火成岩提出的問題之一是：從原始**鐵鎂質岩**（富含鎂而很少矽）演化而至**長英質岩**（富含矽而很少鎂）此一頻譜中，它究竟是落在何處？像玄武岩這樣的鐵鎂質岩，通常都訴說著地函生涯的故事，而像花崗岩這樣的長英質岩，其祖先本身就是地殼岩石，地函幾乎就是已不復記憶的先祖故土。

夏威夷奇拉威火山等位於海洋熱點上的玄武岩，被認為是深層地函可得手稿中走樣程度最低的一種。要閱讀這些岩石，一開始得先運用一些違反直覺的解構技法。首先，由於你知道這塊岩石就跟其他的玄武岩一樣（含有輝石和斜長石，以及表2.1中所列的主要元素成分），於是你就拋棄這些資訊，只專注在岩石中所含的微量元素上，也就是銪和鐿等稀有元素。此中邏輯為：此類微量元素含量的微小變化，有如來源岩漿作用的指紋，這就像僅僅幾個字發音上的微妙差異，便能夠精確指出一名英語使用者成長的地理區域一樣。

化學元素周期表其他元素下方突兀地掛著兩列元素，其中有一列被由鑭（原子序五七）到鎦（原子序七一）的**稀土元素**所占據，這些都是適合用來從事分析的微量元素。岩石中此類元素的量少到幾近不存在，差不多可以稱為「雜質」了，對礦物晶格中的多數元素來說，它們可謂是魚目混珠的冒充者。不過，由於地球化學儀器的精確度已然提高，測量十億分之一的元素含量，已成地質實驗室裡的家常便飯；這就好像要在地球所有人口中鎖定特定的幾十個人一樣。

不過，地球化學家之所以分析稀土元素含量，目的並不在於找出岩石中有什麼，而是要找出當岩石還是熔岩的時候，裡面少掉了什麼。這有如修禪一般的邏輯，有點像是要從什錦巧克力盒中，透過少掉的巧克力種類來推論誰吃過巧克力。想像一下：已知彼得偏好牛軋糖和焦糖，但不喜歡任何含有堅果的糖，而克里斯多喜歡堅果，卻從不碰牛軋糖。焦糖若是沒了，或許還不足以說明什麼，但牛軋糖和堅果不見的話，意思就很清楚。不同的礦物也與此相似，各有偏好的稀土元素。石榴石是只會在高壓下形成的緊實礦物，特別喜歡離子半徑較小的較重稀土元素。斜長石只接受銪元素，銪是稀土元素中唯一原子價為二的元素，因此「嚐起來」有點像鈣。而橄欖石對整批稀土元素都避之唯恐不及。透過記錄地表火成岩中少了些什麼元素，我們就能夠推論出它們源自於何處的熔岩，以及這些無法企及的深處必然還存在著哪些東西。而透過研讀不同年紀的火成岩，我們於是也能夠了解，地球內部深處隨著時間流逝發生過怎樣的化學活動。

你得找到對的岩石提問才行。

變質隱喻

變質（「後來形成的」）岩石是岩石世界中少數的多語通曉者，一生至少曾在兩種不同的地質環境中居住過。這些岩石所代表的是多元文化，而非文化熔爐。變質作用與熔融無關，而與固態狀態下的再結晶有關，就跟粉狀的新雪被埋起並變得易碎一樣。因此，變質岩的結構和成分風格各異，是其所棲環境的混合產物，這使變質岩成為所有地質文章中最豐富的一種。

變質沉積岩是其中最易閱讀的一種，因為它們可能尚保有分層、漣漪紋、甚至**化石**等可見的特徵，於是可以由所形成的變質沉積岩（也就是它們的**原岩**，意為「第一岩石」）中分辨出此種岩石。這就好像你憑著耳朵上一道疤痕的形狀，而認出一位你自孩提時代後就再沒見過面的老朋友。但即便再結晶作用和變形作用已然抹去這些特徵，變質岩的成分還是記錄著自己的起源身分（雖然外貌變了，你的朋友還是記得很久以前的某個夏天，曾與你一同在海灘消磨時光）。**大理岩**是由石灰岩加熱所形成，而這兩種岩石主要也都由方解石礦（碳酸鈣，$CaCO_3$）所組成。大理岩之所以呈半透明狀，單純就是因為再結晶顆粒的平均尺寸較大之故。板岩、千枚岩和**片岩**是頁岩（泥岩）不斷經由高溫烘烤而成。晦暗無光澤的黏土會依變質作用壓力與溫度條件的不同，而形成閃亮的雲母、耐看的紫色石榴石或天藍色的藍晶石，全都是由原來黏土中本來就有的鋁和矽重組而成。

此類只在相當嚴格的物理條件範圍內才會形成的礦物，稱為**指標性礦物**，是烙印在岩石生涯旅程各個不同關卡的印記。地質學家研讀指標性礦物，便能夠就特定岩石從其起源一路追溯到最深的掩埋處所，再回到他當初無意間撿起這塊岩石的地表。像鑽石這種主要藉由壓力而形成的礦物，是良好的**地壓計**，提供了礦物形成之時，岩石所處深度的測量讀數。其他只在特定溫度下才會結晶形成的礦物，則被當成**地熱計**使用。這些受壓力和溫度影響的礦物即便在旅行前往地表時，依然是其宿主岩石的亞穩成分，這就像大雪堆在氣溫升至冰點上之後，還可以繼續存在一段時間。不過，從熱動力學的角度來看，鑽石不盡然恆久遠。與在地表的情況不同的是，鑽石會慢慢劣化成另一種平凡得多的碳結晶形態——石墨，也就是用來製造鉛筆芯的「鉛」。好在對珠寶商和客戶而言，鑽石劣化要耗去好幾段的地質時間。

指標性礦物是辨識岩石變質時構造環境的關鍵。在地球大陸地殼的洞穴裡，溫度會以每公里攝氏二十度的速率穩定上升。此種變化在礦坑深處便可直接觀察得到，在礦坑的較深處，溫度之高可能使人熱到無力。有些變質岩所含有的礦物集合與這種**地熱梯度**一致。也就是說，礦物所記錄下的溫度，正與我們預期中岩石所經歷受的壓力（深度）相當。這種以常見方式發展成熟的岩石所經歷過的，稱為一般性的**深埋變質作用**。

但許多其他的變質岩石所記錄下的溫度和壓力高峰情況，卻與這種典型的地熱梯度並不一致，亦即就岩石所到達的深度而言，這些岩石成分所暗示的溫度要不是太高，就是太低。這意味著岩石是在熱混亂的情況下產生變質，而這正是岩漿或構造活動的標記。

若一塊岩石所含的指標性礦物在低壓下記錄到高溫（就像天才兒童過早深入成人世界），那麼這岩石必然曾在接近熱源處產生再結晶，熱源則多半是地底的大塊岩漿。此種岩石所經歷的，稱為**接觸變質作用**。相反地，若一塊岩石含有高壓礦物（如石榴石、玉、罕見的鑽石等），卻從未經歷過相應的高溫，那麼這塊岩石位於深處之時，必然有某種東西使之冷卻，或至少將之隔絕開來（就像一個天真的成人過著異乎尋常受保護的生活）。岩石是效能極低的熱導體，因此一塊岩石（尤其是大塊的岩石）是有可能在被熱得多的岩石包圍的情況下，依然保持著涼爽。

「隱沒帶」是海洋地殼因自身重量的拉扯而下沉（就像厚重棉被掉下床去）回到溫暖地函之處，此處便是此種隔絕現象可能出現的地質場景。海洋地層運動進入地函（對流循環的下降部分）的速率，較其因傳導而升溫的速率快了許多倍（岩石很不容易因傳導而增溫），因此海洋地層在隱沒到地函裡千百萬年後，依然能夠保持異常冰冷的表層，這一點甚至可由地震「觀察」得到，因為穿行地球內部的震波在通過這些較冷地帶時，運動速率會提高一些。

已進入隱沒帶的岩石有時候又會再度回到地表，但我們對這種地球消化不良的現象所知極少。這些岩石含有高壓低溫礦物的特徵，很容易被辨識出來。這些岩石稱為**藍片岩**，因為其中一種富含鈉、稱為「藍閃石」的礦石呈牛仔布色而得名。藍閃石非常罕見，但科學期刊討論它們的篇幅卻很多，因為它們明確地訴說進入隱沒帶的旅程，使我們全都能夠免於走這一遭。再說一次：你得找到對的岩石提問才行。

與隱沒有關的變質岩無疑為地球所獨有。月球、水星、火星和金星上沒有將岩石從地表推回地底深處的構造循環作用，因此應該沒有變質岩的存在（除非你要把因隕石撞擊而受創，發生驚嚇變質的岩石也算進去）。火星和金星上大規模的火山作用可能使較老的岩石被覆蓋住，因而經歷了深埋變質作用，但由於缺乏有效侵蝕媒介的存在，這些岩石就一直無聲地停留在難以企及的深處，無法到地表來訴說它們的故事。

留心間隙——岩石緘口之事

沉積岩、火成岩和變質岩共同記錄了地球演化的許多不同面向，醫療紀錄、學校檔案和家庭照片也以同樣的方式，提供了個人成長發展歷程中，各自不同但彼此互補的側寫。這些紀錄當然並不完整，在統計上非屬隨機，因為它們全都一致地排除了關於某些事件（如日常工作）的資訊，卻大量記錄了其他事件（考試、慶生會等）。地質紀錄也有其偏見，了解缺漏所在，正是解釋存在之事的重要一環。

山脈的（再）移動

定義均變說的蘇格蘭智者赫登了解岩石紀錄的沉默所具有的深度。一七八七年，赫登在蘇格蘭與英格蘭交界處的貝里克郡西卡角從事了一次觀察，堪稱思想史上重大的頓悟之一。[9]在這為波浪所雕鑿的多風岬角上，赫登注意到兩條層狀的岩石層序：上方層序的層理近乎水平（與假設的沉降方式一致），但下方層序的層理卻近乎垂直，就像書直立排在圖書館的書架上一樣。這兩個層序中間有個不平整的介面，來自下方岩石的礫石，以不規則層的方式沿著這個介面散落。後來赫登寫道，他在看著這個介面的時候，「因為看進時間深處而逐漸暈眩」，因為他了解到，這代表著要將一道山岳帶（其根部為垂直層理所在之處）侵蝕到海平面（也就是上方岩石沉積物開始堆積之處）要耗時多麼長久的歲月。雖然他並不知道此一過程究竟花去了多長的時間，但他知道大概比岩層本身所記錄下的時間還要漫長。赫登以一種聰明的辦法，試著量化此一侵蝕期的長度——他以羅馬人在西元二世紀為抵抗燒殺擄掠的凱爾特人所築的哈德良長城，為岩石風化速率的估算基礎。除了整片從牆上崩塌的部分以外，他發現過去一千七百年間只有很少的牆面被侵蝕掉，這正呼應著他對「時間深處」之深不可測的看法。赫登假設，在摺疊形成高聳的山岳之前，垂直的岩石也是以水下沉澱的方式而形成，他於是發現了古老地球無限更新的證據，「沒有開始的痕跡，也沒有結束的可能。」

地質紀錄中的侵蝕空隙（如赫登在西卡角所形容的那種），稱之為**非整合**。非整合隨處可見，也有各種不同的規模。較小型的非整合有著富於詩意的名字，稱為**間斷**和**空白**（hiatuses與lacunae，原意為文章中的脫漏，在此指地質紀錄中的闕文），代表沉積間隔可能只有數千年的時間。頻譜的另一端則是美國大峽谷低處的那種大型非整合，該處變質岩與火成岩的深層結晶，直接被地表的沉積物所覆蓋。此一排列記載著，表面下的岩石耗時十億年以上的時間才侵蝕露出，而這尚發生於大峽谷最知名的水平沉積地層將之再度掩埋之前。

非整合記錄的是侵蝕作用，侵蝕主要是發生在陸地上的現象，而海底（尤其是淺海的大陸棚）則是陸源沉積物最終的貯藏所。因此，沉積岩紀錄中，關於我們最熟悉的陸地環境（山脈、平原、河流等）的說明短得令人沮喪，卻不成比例地大篇幅記載了淺海環境。只有在侵蝕作用這吹毛求疵的管家不小心忽略的角落或縫隙中（如大型湖泊的底部），或堆積速率較侵蝕速率為高之處（如山腳下的大型扇狀沉積崖坡），我們才能找到**陸上沉積物**。沉積岩只記錄了少量的陸地環境，這也意味著陸地動植物的化石，遠比同時期海洋生物的化石少。舉例而言，我們對恐龍名流「暴龍」的一切認識，都來自僅有的十五個完整標本。

古老軟傢伙

其他顯然為多數古生物紀錄所排除的，還有大量的軟軀體動物，也就是沒有甲殼或骨骼等堅硬身體組織的動物，如蠕蟲、水母等小型動物（有殼或有骨動物的身體柔軟部分也同樣少見）。生物活著的時候賴以茁壯的親切氧氣，在生物死後卻將之兇猛地消耗殆盡。非礦物質的生物結構通常都分解得了無痕跡，因此多數的化石床中，都沒有存在於特定地點與空間的生態系截面。化石紀錄是帶有頑強偏見的戶口調查員，樣本偏斜的問題之嚴重，以至於古生物學上有一整個子學門都貢獻給它了，那就是**埋葬堆積法則學**（taphonomy，字源為希臘文的 taphos，意為埋葬或墳墓）。埋葬堆積法則學者研究化石的型態與環境，試圖量化特定物種的**保存可能**，然後將統計修正應用到化石戶口調查上，以便更精準地重建古代生物的戶口統計。

軟軀體動物化石之罕見，也是十八世紀的地質學家推論地球生物於寒武紀突然躍進出現的原因。甲殼化石在前寒武紀的岩石中顯然付之闕如，達爾文深受此一觀察所苦，以至於他過分強調「地質紀錄的不完整」（見《物種源始》第九章）。諷刺的是，達爾文自己對於化石紀錄不完整的聲明，如今卻被某些反演化理論所盜用。達爾文堅信在寒武紀之前已有生物存在，他若是知道前寒武紀古生物學是當今自然科學中最蓬勃的領域，必然喜出望外。強大的顯微鏡和分析技巧使人得以辨識所謂的化學化石（生物的同位素或分子痕跡），這顯示在寒武紀開始之前，地球上生命勃發已超過二十億年之久。此一較早時期的化石紀錄之所以隱晦得多，單純只是因為前寒武紀生物圈主要是由非常小型、柔軟、解剖構造簡單的生命型態所組成。事實上，此一漫長時期的多數時間裡，地球上只有單細胞生物存在（但其代謝策略與生活方式，卻多元得教人難以置信）。

不過，還是有些軟生物或其身體部件負隅頑抗，走入了化石紀錄當中，而為低氧沉積物層此一地質密閉封印所保存下來。此種罕見的保存事件有賴一種不太可能的條件組合——環境必須穩定到足以支持一整個生物群落（也就是說，一般沉積速率必須要很低），但之後必須要發生災難性的沉積事件，讓生物入土為安，卻又不能在此過程中將之肢解。其後則輪到此種沉積物被其他地層所掩埋，而長期歸避侵蝕作用，直到人類揮著岩鎚找到它們為止。幸運的是，在地質時間裡，百萬分之一的賠率開始看俏，不太可能發生的事還真的發生了。這種累積獎金的岩床稱為**化石寶庫**（Lagerstätten），這個字在德語中意為「蘊藏豐富之處」，因為它們就像黃金那般吸引人。

此種僥倖當中最著名者，莫過於寒武紀中期的伯吉斯頁岩——發現於加拿大英屬哥倫比亞省「悠鶴國家公園」一處地近大陸分水嶺的山邊，並以附近的伯吉斯峰命名。此處之形成，是因為海底泥漿將一個興盛的生物群落，從陽光普照的淺水地帶掃進了深淵，而頁岩則保存了大量物種精緻的解剖細節；硬的、軟的、正在消化的，全都相應地保存下來，反映出它們的自然族群狀態，掠食者胃裡的東西還可供記載其飲食偏好。頁岩中除了**三葉蟲**等耳熟能詳的角色之外，還有長相怪異、無法在已知分類範疇中找到位置的生物（如奇蝦和怪誕蟲）。這些奇特化石的存在顯示，寒武紀中期的生物圈，遠較一般化石床所暗示的更加豐富多元。

多數帶有化石的地層都是「死亡聚會所」，是被沉積層整編之前便已死去的生物礦化遺骸的海洋停屍間。例如許多保存著甲殼類化石的岩床中，甲殼動物通常大小均一，這並不是因為該族群的同質性特別高，而是因為波浪會像挑選沙粒一樣揀選甲殼。伯吉斯頁岩則與此相反，是個「生命聚會所」，那些生物在被埋葬之前片刻都還活著。伯吉斯頁岩就像龐貝城，提供了無法企及的過去裡每日營生的驚人一瞥，而這一切都未經正常地質作用編輯修訂過。這種岩石單元只有幾公尺厚，卻無疑較地球上任何其他單一地層，提供了更多關於現代生物圈起源的資訊（無疑也比其他地層受到更多的論辯）。[10]

然而，平凡之事必仰賴非凡事件才能進入化石紀錄，這真是相當矛盾。但這種事真的會發生，而我們則著迷於化石紀錄中所見到的世俗、下流、卑微之物：遠古雙足所留下的遷徙痕跡、化石化的糞便（藉**糞化石**的學名而獲得消毒）、已滅絕生物尚未孵化的卵等。

物歸原序

然而，在發展地球過去的世界編年史此一更大的嘗試當中，化石紀錄中可愛的貝殼浮雕身影並不特別有用。既然非整合大量存在，地球上也沒有任何一處地方，會擁有所有地質時間的完整紀錄，我們就得找出方法來確定一地事件的紀錄斷簡，與其他地方的殘篇紀錄之間有何相應關聯。箇中問題就像尋找一份長達數千頁並未標示頁碼的雜亂手稿，並試著將它們依序排列。我們首先得找出各章的主題，最後才看將前後頁連結在一起的特定文句。

一八〇〇年代早期，英國勘測者、運河開鑿者兼自學的地質學家威廉·史密斯（地質學教科書有時會開玩笑地稱他為威廉·「地層」·史密斯）了解到，化石所提供的正是這種全球頁碼編輯系統。在演化觀念即便在科學家間仍備受爭議的年代（就更別提演化機制了），史密斯卻已記錄下英格蘭岩層中生物化石清楚且一致的演進。侵蝕作用雖把一度連續的海洋地層弄得支離破碎，但史密斯還是能藉由其中獨特的化石，關聯或追溯出分散各地的地層遺骸。他利用這種「動物演替原則」有系統地編纂他的觀察結果，並於一八一五年完成了首部現代地質學地圖，這是一份英格蘭與威爾斯的圖表，品質幾乎跟英國地質學勘查協會所出版的一樣良好。[11]更重要的是，威廉·史密斯已經開始測繪地質時間，在過去未曾圖記、赫登首度驚鴻一瞥的

「時間深處」確立了勘查標記。

確認**指標化石**是威廉．史密斯方法的關鍵。指標化石是只存在於相對短暫地質時間裡的生物化石。存活相當長時期卻沒什麼變化的生物（就演化觀點而言卻是最成功的生物），並非良好的指標化石，失敗如福特汽車艾索車款或八音軌錄音帶的那種生物化石紀錄，卻最為有用，因為它們能夠清楚指出明確的地質時刻。

到了一八八〇年，就世界各地沉積岩層序中的化石所小心建立的**相關**，已使科學家有能力創造出一個全球地質時間尺標（全球頁碼編輯系統），至少就地質紀錄較晚近的篇章而言是如此（參見表2.2）。這些篇章本身是由生物學上的分水嶺事件所界定。甲殼動物突然大量出現的事件（這是達爾文的災星），標記著古生代的起始與其第一個分期（寒武紀）。在此之前的時期則統稱為「前寒武紀」。古生代以地球生物的一樁瀕死經驗告終，那是一次**大滅絕**事件，所有海洋生物的百分之九十都從化石紀錄中消失。隨著中生代曙光初露，這慘遭蹂躪的生物圈也開始復甦，到了侏羅紀時代，則由恐怖的蜥蜴統治世界。然後，另一樁毀滅性的滅絕事件打斷了化石紀錄，標示著新生代的開始。古生代、中生代、新生代共同記錄下生物的創新與毀滅，構成了整個顯生元（顯生意指「可見的生命」）。

地質時代的名稱反映出十九世紀中葉已知地質世界的範圍。「寒武」（Cambrian）之名源

表 2.2　一八八〇年以化石為基礎的地質時間尺標主要分期

元	代	紀	世	著名的生命型態及事件
顯生元	新生代	第四紀	全新世	文字歷史
			更新世	冰河時期
		第三紀	上新世	
			中新世	
			漸新世	
			始新世	哺乳類激增
			古新世	
	中生代	白堊紀		恐龍滅絕
		侏羅紀		第一隻鳥出現
		三疊紀		爬蟲類激增
	古生代	二疊紀		大滅絕事件：百分之九十既存海洋物種消失
		石炭紀		廣布的泥炭沼澤中保存大量植物物質
		泥盆紀		陸地植物開始興盛；現代魚類出現
		志留紀		一座廣大的珊瑚礁出現
		奧陶紀		海洋生物激增
		寒武紀		突然出現大量有甲殼和骨骼的多元海洋生物
前寒武紀時代	原生元			生物存在的證據稀少
	太古元			

自威爾斯的羅馬名稱 Cambria，這是拉丁化的威爾斯語 Cymru。奧陶紀（Ordovician）和志留紀（Silurian）指的也都是威爾斯，是以古代居住在威爾斯山地的部族而命名。奧陶紀和志留紀的子時期（阿倫尼克統、特馬豆克統、蘭維恩統、蘭代洛統、蘭多維利統）也都格外使人聯想起威爾斯的溪谷。向南越過布里斯托海峽之後，泥盆紀（Devonian）則是得文地區（Devon）岩石的標誌地盤。在這大體上以地理命名的系統中，石炭紀是個例外，這名字只是表示此一時期的地層中保存有大量的生物物質（包括北英格蘭新堡所產的煤在內）。古生代的各個時期當中，二疊紀（Permian）是唯一非英國字源的名稱，而是以俄國烏拉山地區的採礦城鎮彼爾姆（Perm）命名。

侏羅紀（Jurassic）拜克里頓和史蒂芬．史匹柏之賜，無疑是學術圈外最惡名昭彰的地質時期。這個名稱取自景色如畫的瑞士阿爾卑斯優瑞（Jura）地區，此一時期的海洋岩石在當地形成摺皺，因為非洲板塊與歐洲板塊的緩慢相撞而聳立起來。三疊紀（Triassic）跟侏羅紀押了半韻，是個無家可歸的造物，第一音節（tri-）表示此一紀元中共有三個子時期。這個名字又剛巧呼應著「悲劇」（tragic）和「分類」（triage）兩個字，由於三疊紀是以恐怖的大滅絕事件起始並終了，這也就成了頗為恰當的聯想。白堊紀（Cretaceous）跟石炭紀一樣，指涉那個時期一種分布廣泛的岩石，也就是「白堊」（chalk，拉丁文稱為 creta）。多佛海峽的「白色峭壁」就是白堊紀的白堊，但白堊紀的世（土崙世、干邑世、桑頓世、坎帕世）則泰半以法國地名命名（土崙、干邑、桑特、坎帕）。

新生代的兩個紀，是地質詞彙表中有點令人窘迫的時代錯置產物。第三紀和第四紀都是十八世紀前赫登時期體系的遺跡，該體系將岩石分成四種層序，分別為初級或結晶層序（花崗岩、片麻岩等）、次級層序（抵抗力強的沉積地層，通常呈摺皺狀）、三級層序（以石灰岩和沙岩為主）、四級層序（鬆散的沉積物）。繼續使用這些詞彙，有如現代的醫生竟以中世紀生理學上所稱的四種體液來診斷病人。國際地層學委員會是隨時處在警戒狀態下的地質計時仲裁者，長年以來都建議第三紀實在是該退休了。而在新版的地質時間尺標中，新生代被分為三個紀：古近紀（古新世到漸新世）、新近紀（中新世到上新世），和以舊系統唯一倖存者身分而保留下來的第四紀。但第三紀深嵌於地質語彙當中，尤以「K－T界線」為最（K－T界線意指白堊紀與第三紀的界線，是恐龍滅絕的地質時刻）。地質學家有著長久的集體記憶，就算編輯年復一年耐心地清除舊名，它們卻像犁過的田地裡的石頭，還是不斷地露出頭來。

定年之約

直到二十世紀發現了放射線，並了解到它可以當作地質時鐘使用，這些代、紀、世的絕對年齡和為期長短，才有了確切的量化數字。這當中的原理頗為簡單：放射產生的子代原子（如鉛二〇六，速記為^{206}Pb）穩定累積的速率，視親代放射線（如鈾二三八，^{238}U）而定，這便可以提供礦物自結晶時起（亦即原子爸爸被鎖進結晶晶格的時間），已流逝了多少時間的代理紀錄。

假想一位非常慷慨的父親，每年都在女兒生日時將自己存款的一半送給女兒。假設這位父親可以一直持續分割他剩餘的財富，那麼他的錢不會全部用光，只是存款會變得非常少。相反地，女兒所擁有的錢則會愈來愈多，但每年所收到的金額卻會愈來愈少。而不論任何時候，外部稽核員都可以算出女兒的年齡（父親給她錢的總年數），只要找出女兒戶頭金額跟父親戶頭金額的比值就好了（但要把利息部分扣除）。這個比例並不受一開始時父親存款絕對金額多寡的影響。

自然界中所有親代放射性**同位素**物種都有其獨特的付款時程，這稱為**半衰期**，也就是原子爸爸總量的半數衰變為女兒產物的時間間隔（以前的人體解剖學以一年為半衰期）。有些（人類該避免接觸的）放射性同位素，半衰期只有數十年、數年或數天，但這些在地質學上派不上什麼用場，因為不論一開始有多少物質存在，在十次半衰之後親代物質便所存無幾了。其他半衰期長達數百萬年甚至數十億年的同位素存在的時間夠久，才足以用來測量地質時間跨距。

這個概念雖然簡單，地質年代學（如其字面所示，意為地球時間的科學）的實務卻充滿了自然與技術兩方面的困難。先驅英雄雖然早在一九一五年便已取得最早的同位素岩石，化石或生物地層及地質時間尺標的測定，卻是個十分艱鉅的作業，這項任務也始終未曾完成。

有個爛笑話說，「地質年代學家會把所有老東西都拿來定年」，但實際上，有些老東西的年代非常難以測定。只有少數的同位素系統及礦物，適合用來測定量子年齡。箇中挑戰之一，便是要找到只接受結晶時點的同位素爸爸而不接受女兒的礦物，或至少要找出一些能夠確定一開始時有多少女兒物質存在的方法。若結晶一開始時就有若干同位素女兒存在（以金錢的比喻而言，就是指女兒在出生時就收到了一大筆金額），稽核員（地質年代學家）便可能導出她比實際年齡還大的結論。迴避這個問題的方法，就是設法計算並減去女兒出生時（結晶時點）戶頭中一開始就有的金額。此外，同位素爸爸在地殼中的含量也必須足夠豐富，才可能以測量得到的量出現在形成岩石的一般礦物當中。然而，「可測量」是個操作性用語，會隨著分析技巧的提升而與時俱進。銶一八七及鋨一八七這種奇特微量元素的「親子對」含量極少，過去一度無法偵測得到，如今則是工具組的一部分，使地質年代學家能夠為更多老東西進行定年。

測定時間深處另一項更大也更具系統性的困難，在於同位素給出的是結晶事件的資訊，然而十九世紀的地質時間尺標，卻以生物事件為統整原則。由於沉積岩是化石的載具，由威廉·史密斯化石相關性方法貫穿的最初地質時間尺標，便幾乎全都以沉積岩為基礎。然而，要對沉積岩直接進行定年並不容易，因為自成分顆粒所獲得的定年結果，記錄的並非沉降物的時間，而是某種更老岩石的年紀（通常是火成岩，是沉積物的來源岩石）。相反地，若沉積岩發生變質，可供定年的新結晶便會在其中生成，但這卻會比岩石沉積的年紀還要年輕。

於是，要就岩石紀錄中的沉積岩事件和古生物事件定年，關鍵便在於找到夾在沉積岩地層間的火山火成岩（熔岩流或地區性火山灰層，且以後者較佳）所在之處。自重大生物地層界線層內所取出的火山結晶所做的定年，已使地質尺標逐漸獲得微調與校正。最近在一九九三年，新的鈾鉛定年法確定了寒武紀－前寒武紀界線時期（參見第七十二頁的時間尺標）西伯利亞一處火山灰層中鋯石結晶的年紀，寒武紀的開始於是被砍掉了二千五百萬年，寒武紀的起始遂從距今五億七千萬年前，躍進到距今五億四千五百萬年前。[12]

凝視原初迷霧

寒武紀基準的修正定位，只不過使前寒武紀時期變得更為深遠，那是維多利亞時代的地質學家所無法理解、岩石紀錄中無以名狀且不成層理的一部分。如今的同位素定年法（特別是鋯石結晶的鈾鉛定年法），則使我們得以對前寒武紀時期有相稱的了解。前寒武紀為期較古生代、中生代、新生代加起來都還要長，這一點到了一九四〇年代已逐漸變得清楚起來。顯生元裡有許多子時期獲得命名，這引發了地質學家心中的一種時間上癮症，而會誇大寒武紀以來的時間長度，卻縮短了這之前的時間。如今我們知道前寒武紀時期占了地球四十五億年歷史中九分之八的時間，它不再被認為是現代生物必然興起之前平靜無波的序曲，而是這座行星廣闊故事中主要的章節，其間事情本有可能演變得很不一樣。從某些方面來說，顯生元反而是此一更長的英雄史蹟當中，本來不太可能會發生的終曲。

高精確度的鈾鉛定年法，雖然能夠以百萬年之高的解析度為前寒武紀事件定年（這就發生在超過十億年前的事件而言，已經好得驚人了），至今卻還未就前寒武紀時期建立起「代」以下的完整標準化命名法則。前寒武紀的三大分期由近至遠分別如下：

一、**原生元**：自寒武紀的基準（距今五億四千五百萬年前）上溯到距今二十五億年前（約占地球全部歷史的百分之四十五）。

二、**太古元**（意為「古老時代」）：自距今二十五億年至四十億年前。

三、**冥古元**（意為地獄般的「未察時光」）：故意定義得很有彈性，因為並沒有任何倖存的岩石記錄下地球史的這一時期（不過我們倒是有這麼老的月球岩石）。

隨著愈來愈老的岩石在地球上被發現，太古元的基準也被往後推，冥古元則因此而縮短。目前，地球上保存下來的最古岩石此一令人肅然起敬的頭銜擁有者，乃是加拿大西北地方大奴湖附近暴露出來的阿卡斯塔片麻岩。[13]如本章稍早提到過的，澳洲西部的鋯石結晶測出了較四十億年更老的年紀，但這些結晶卻比包含著它們的變質沉積地層要老，因此不能真的算是冥古元年齡的**岩石**。

地球上是否有可能存在著年齡在四十億歲以上的真正岩石（或者，真有此等岩石存在的話，是否存在於地質學家找得到的地方），地質學家的看法不盡相同。阿波羅任務太空人所帶回近七百公斤的月岩顯示，冥古元並不是什麼宜人的時代。當時月球為隆隆作響的岩漿海所覆蓋（我們假設當時地球上也是如此），再由外而內慢慢地固化，但與其他太空碎屑相撞之後，以超音速飛馳而來的巨型隕石，卻將這原初地殼一再打破。伽利略是第一個觀測到月球上廣大深色「海洋」的人，這些「月海」便是月球早期地殼上被敲出的大坑洞。就其起源之猛暴和之後的貧乏不毛而言，它們那寧靜海、晴朗海、豐饒海、神酒海的名稱，實在是諷刺得幾近殘酷。

在地球上找到同樣年歲的岩石之前，冥古元的子分期都將沿用月球岩石的名稱（如神酒代、雨海代）。但由於月球上也沒有最一開始的岩石，因此這不復記憶的第一章便被稱為「隱祕代」。那麼，我們又怎麼計算出地球（及月球）的年齡是四五．五億歲呢？這比克爾文的估計值高了一百倍（不過倒比赫登所揣測的無限大要少一些）。[14]這個年齡的確定多少有點反直覺：外星岩石（隕石）是此一同位素年齡的來源，於一九五六年由加州理工學院的地球化學家帕特森所測定。此一邏輯認為，這些岩石形成的時間，與太陽系中其他物體形成的時間相同，不過隕石跟地球甚或月球上的岩石不同，它們自一開始就始終都沒有改變過（參見第四章）。

除了前寒武紀時期最大的子分期（太古元與原生元）以外，地球岩石紀錄中最古老的部分，至今未有命名方案在地質學文獻中生根。不過還是有人提出過幾種命名系統，國際地層委員會也已公布了正式的推薦方案。表面上對命名法的漠不關心，泰半由於同位素定年已去除了此種命名的需要。箇中差別有點像英國和北美地址的對比：例如倫敦地質學會的收信地址為

「倫敦市皮卡第里街伯靈頓宅邸」，而加拿大地質學會的辦公地址則是「卡加利市西北三十三街三三〇三號」。前者雖然富於歷史和迷人的風格，後者卻比較容易尋找。前寒武紀時代也因為同樣的原因，大概會繼續置身於數字而非名字的領域。

轉譯地質紀錄是項龐大無比的任務，數千名譯者工作兩世紀以上，此一任務離完成卻還早得很。章節不論的話，則地球手稿的各頁都還未獲勘測，許多已知小節的段落也未完成解譯。對那些身涉翻譯工作的人來說，海灘上的每顆礫石都是此一龐大珍貴巨著的文章片段，忽略這些物件所要訴說的故事，則近乎野蠻無禮。閱讀岩石的習慣一旦養成，要打破就很難了。

第三章 大與小

海有多深？天有多高？

——艾文．柏林

世界真細小。

——理察．夏曼與羅勃．夏曼

在科學上，測量就等於理解；這個等式在**探測**這個動詞的雙重意涵中清晰可見（fathom，另義為了解）。未被探測過的事物，就如其字面意義一樣，純屬混沌未知。測量也是處理的開始；對物體進行分析、量測或稱重，使人有了可以掌控的感覺。測量看似是對大小或數量的精確估算，但就概念上而言，測量其實是將過於巨大、無法研究的東西加以限縮，或是將過於微小、無法觀看的東西加以放大，好在數字上操作這些事物。測量數據使我們得以繪製地圖並建立模型，那些過大或過於繁複、就其實際比例而言為我們所無法理解的體系，至此有了可資處理的版本。但進行地質學測量可謂出人意料地麻煩，從定義標準化單位、建造可靠的儀器，到某些現象本質上的不可量測性，不一而足。我們在探索地球的過程中有點懊惱地發現，我們對於規模的感知力，其實受限於我們的測量技術。地球系統就好像一組中國千層盒，我們探索它內部的同時，它似乎還會生長。每當我們打開一個盒子，就發現那開啟的盒子裡，不知怎麼地竟還包藏著更多的盒子。我們對於大小、秩序、階系的概念整個都被翻轉了。要澈底探測地球，我們還有很長的一段路要走。

測地幾何——估量地球

不論是針對一部機器、一個組織，還是一座星球，要就一個體系發展出運作的理論，我們必須先對它的範圍和比例有所了解。它有多大呢？含有多少各別的元件？彼此間又有著什麼樣的關聯？能量、物質或資訊流通其間的速度有多快？要回答這些問題，首先就得創造出實用的度量，以便描述其根本特性。

長度或距離的度量單位大概是最早被發明出來的單位之一，這一點光是看西方傳統中多如牛毛的單位便可明瞭。舊式的度量單位非常器官化，也很特異，我們很容易想像許多度量單位都把身體當成尺標：例如腳（foot）、手（hand）、腕尺（cubit，從手肘到中指指尖的前臂長度）、噚（fathom，這個字來自古英文的 faethm，意為「伸展的雙臂」）。碼（yard）曾被正式定義為英王亨利八世手臂前伸時，其鼻尖到指尖的距離，不過這個字卻與**周長**（girth）或**束腰**（gird）有著相同字源，指的其實是一個人的腰圍（但應該不是亨利八世那豐滿的腰身）。較長的單位則是與移動有關的距離：浪（furlong）是犁溝的寬度，英里（mile）則是羅馬人所定義的一千步的長度（「步」是指「雙步」，約一百五十公分）。

以人體為測量標準十分普遍，但令人驚訝的是，還是有少數古代人受到雙手十指的啟發，而使用十進位的測量系統。更有趣的是，儘管**幾何學**（geometry）這個古希臘字的字面意義為「地球度量」，第一個直接測量地球本身尺寸的長度單位卻是公尺。最初在一七九一年，由法蘭西科學院對公尺下的定義，為地球子午線四分之一圓周（自北極經巴黎到赤道的距離）的千萬分之一。一個世紀之內，新興的**測地學**（geodesy，意為「地球除法」）領域便提升改進了地球的測量數據。新的數據顯示，科學院所定義的一公尺，其實並非極點到赤道距離的千萬分之一。科學院於是製作了一支鉑銥合金的金屬棒，稱為「公尺原器」，而以這實體標準做為公尺的原型。然而自一九八三年以來，公尺的定義方式已全然脫離了原先與地球的關聯，而被定義為光在真空中運動二九九七九二四五八分之一秒的距離。在計算操作上，這個定義與測量宇宙距離的光年（約一千兆公尺）彼此一致。諷刺的是，長度的科學單位中，唯一以地球為基準的竟是天文單位（AU，地球到太陽的平均距離）。由於地球的軌道呈橢圓形，地球到太陽的實際距離不僅會隨著年度運行而變化，且軌道的橢圓率還在每十萬年的周期間各有消長。

地球的寬度、高度和深度都是單純的線性測量數據，可由遠方的觀察者測得。這些數據揭示了地球的長期外觀，就像一個人只在一瞥之間，就可以分辨出運動員和懶骨頭的差別。地球是個扁圓形的球體，赤道半徑（六三七八公里）比極半徑（六三五七公里）大了約百分之〇．三。地球的小腹微凸，是地球的可變形內部經過四十億年以上的自轉所造成的結果。金星的自轉速度比地球慢得多（金星的一天比它自己的一年還長一點），就沒有這樣的隆起外形（金星可能在太陽系歷史的早期與一顆小行星激烈互撞，導致自轉受到干擾；金星不僅自轉得慢，還是逆向在轉）。

地球周長不等的程度之大，足以對自高緯度往低緯度移動（反之亦然）的僵硬構造板塊造成彎曲壓力，這是因為地球曲率不均的關係。地球偏離完美球形的程度，也大到足以使赤道的平均重力拉扯力，比極點小約百分之〇．五。換句話說，你在熱帶海平面時，會比在北極時輕，因為身處赤道的話，你其實就離地心稍微遠了一點。最重要的是，太陽和月球與地球因自轉而隆起所產生的重力互動，造成了地球的歲差運動，也就是以每兩萬六千年為周期，像紡針一樣地擺盪，地球自轉軸會在太空中掃出一個雙錐形。此種緩慢的搖擺，對於太陽能量分布於地球的方式，產生了深遠的影響，也被認為是規制氣候變遷的主要變項。所以，即使表面上看來，地球只略微偏離完美的圓形（在寬近一萬三千公里的星球上，只有四十多公里的偏差），其影響也大得驚人。

地球外形另一個引人注意的特徵，是其異乎尋常的**測高值**，也就是地球固態表面高度的分布。這通常是以**長條圖**來表示，也就是用來顯示班級成績分布或不同身高的人間隔狀況的那種圖。在行星的測高平面圖上，橫軸代表的是數據的表面高度（以地球而言便是海平面），縱軸則代表落在特定高度範圍內的陸地表面百分比。

金星和火星的高度以這種方式製圖之後，呈現的是一個單峰駱駝般的隆起，也就是一個鐘形曲線，顯示有個優勢的平均高度值，被更高和更矮的離群值由兩側包抄。地球的平面圖則與此相反，呈現出雙峰形。這種雙模平面圖顯示有兩個明顯的高度群存在，一個叢集在海平面上約〇．八公里處，另一個則聚集在海平面以下約一．五公里處，兩者都拖著一個連到另一邊的尾巴。這些離群值代表的是地表最高的高點（喜馬拉雅山脈）和最低的低點（海溝）。一名對地球一無所知的觀察者，也會推測地球的最外殼是由兩種不同的物質所組成，其截然不同的**密度**（或浮力）與其下方基底質有關，就像低密度的冰山會比裝著鐵礦砂的駁船浮得高一樣。相反地，金星和火星的地殼看來有著均質的組成，據推測應該都是玄武岩。

這些手足行星上雖然有著火山山峰和低窪谷地，但這些離群值高度，不過是有著清楚中心值的高度連續統中極末端的成員。唯有地球上存有地殼差異化的證據；測高平面圖上的雙峰，代表的是單一階段玄武岩熔融所形成的海洋地殼，以及由構造蒸餾的花崗岩所組成的大陸地殼。地球的構造健美操為行星級的良好肌肉下了定義——也就是那異常鮮明的地形對比。

但這水力、構造、熱力及磁力上都很活躍的星球，還有許多其他的面向。特定地球物理變量的研究先驅有時候會贏得殊榮，成為專門量測單位的命名由來。比方說，地球有十四億立方公里的水，其中有百分之九十七都在海裡。然而，海洋裡巨量的水恆常運動，將鹽和熱帶到全球各地，光是這個數字尚不足以表達海洋的動態本質。像墨西哥灣流這樣的主要表面洋流的流速，通常是每秒一千萬至一億立方公尺（相比之下，密西西比河下游的流速即便在洪泛時期，也很少超過每秒二萬一千立方公尺，尼加拉瀑布則是只有每秒三千立方公尺的涓涓細流）。海洋學家為了簡化計算，並榮耀該領域的奠基者之一，遂以偉大的挪威科學家斯維卓（一八八八～一九五七）之名，將流速單位「斯維卓」（Sv）定義為每秒一百萬立方公尺。

水流在地表下通過沉積物和岩石的速率比這慢得多，過程也較為迂迴。法國土木工程學家達西（一八〇三～一八五八）是第一個以量化方式描述**地下水**流的人，他曾為第戎市設計了一個革命性的重力驅動水系統，此一機制以每分鐘八立方公尺的驚人速率供水。達西最偉大的科學貢獻，在於他定義了一條物理定律，描述流體通過沉積物或破裂岩石等可滲透介質的速率。岩石或沉積物的**滲透性**是該等式的中心用語之一，也就是對此等物質內部開放空間的度量。地下水地質學家和石油工程師每天都要用到這個科學單位，因此也就很恰當地將之命名為「達西」（Da）。

然而，「滲透」就跟許多其他複雜的變量一樣，無法光以一個數字來恰當描述，即便是對單一地點的特定岩石也是如此。這是因為滲透性通常都具有**各向異性**，也就是滲透的規模要視方向而定。比方說，流動方向是水平或垂直於沉積分層，會使沙岩床的滲透性差個千分之一，這跟沿著紋理方向切木頭，比橫著切要容易是一樣的道理。對於打算預測未來地下水的可得性，或預測汙染物移動方向的模型來說，了解這種方向上的變異性至關緊要。相反地，岩石的其他地球物理屬性的各向異性（如**地震波**穿行通過的速率），也能夠用來推論深處岩石的性質，因為它們傳輸能量的各向異方式，便是其物理「織料」或「紋理」的反映。

看不見卻無所不在的地球磁場（大概也是生命所不可或缺），是另一個「各向異量」。度量磁場的單位為**特斯拉**（Tesla），是以才華洋溢的塞爾維亞裔美國發明家特斯拉（一八五六～一九四三）命名。（特斯拉是愛迪生的對手，可謂是位電磁巫師。無所不在的克爾文爵士領導的一個委員會贊助特斯拉及其僱主西屋公司之後，他便設計出尼加拉大瀑布的巨型水力發電站。）一特斯拉對地球磁場而言是非常大的單位，地球磁場的主要（南－北）元件也不過兩萬分之一特斯拉。相比之下，電冰箱的磁石約為百分之一特斯拉，而對身體進行磁共振造影的醫療儀器，其磁場則為一特斯拉甚或更高。人造的最強實驗磁場曾短暫達到十六特斯拉，強到次原子粒子的運動速度，快到足以適用愛因斯坦物理相對論法則的地步。[1]生物是在比這溫和得多的磁氣圈內演化而成，因此暴露在這樣強的磁場下便會受到傷害。

地球磁場是由外地核液態鐵的複雜運動所維持，與更有力的人造磁場相比似乎相當微小，但由於地球磁場是以全球為範圍，其強度值其實只是故事的一部分。儘管地球磁場度量起來只有數千分之特斯拉，其實卻是個強大的磁性保護罩，使地球不受高能太陽粒子及自太陽系外朝我們呼嘯而來的**宇宙射線**傷害。此類輻射會造成生物的基因損傷，還會隨著時間經過而剝奪地球的大氣。幸運的是，磁場在空間「滲透性」中創造了剛剛好的各向異性，大部分可能造成危險的粒子都沿著地球繞道而行，就好像快速的水流會繞過溪中岩石一樣。極光（南極和北極的光）的火花便是此種狂流改道的可見形式。

惱人的是，歷史紀錄顯示，過去一百五十年間，地球磁場的整體強度已減弱了百分之十，這可能會使地球在好幾百年間都無力抵擋宇宙輻射。磁場給我們上了這樣一堂課：低程度的全球現象，可能遠比非常強大的地區性現象有力；發生於分子尺度的蒸散作用所移動的水量，遠比全世界最大的水改道計畫高出許多，也是基於同樣的道理。

規模感

測量地球顯然是樁複雜的生意。地球雜多的系統橫跨廣大的時間與空間座標，有許多不同的貨物在運作，很容易就會在某個特定「市場」的細節中迷失方向。在前工業時代，不同的貨物通常各依不同的重量單位出售：牛油按「費爾金」、「盆」和「桶」賣；藥按「吩」、「打蘭」和「喱」賣；羊毛按「克羅」和「袋」賣；麵粉按「石」賣；煤則按「擔」賣。科學家卻與此相反，非常吝惜單位，並以多功能、放諸四海皆準的方式來規定數量，以求撙節開支。地球物理學的力量，泰半來自其變焦鏡頭般的能力，不論是對結晶或行星，都能以同等的清晰度對焦，其方法則是辨識出各種尺度的各不同系統共有的物理特性。

比方說，水、冰河冰和岩石都可以當作**流體**來處理——不論液態或固態，會流動的東西就是流體。**黏度**是流體的基本描述項之一，也就是流體的「黏性」或流體對「變形」的抵抗力。六月時糖漿的黏度會比一月時高（至少在北半球是如此）。黏度的度量單位是普瓦斯（poise），是以法國生理學家泊肅葉（一七九七～一八六九）命名，他就圓管內流體（尤其是流過靜脈和動脈的血液）的流動速度，發展出一種數學表示法。有趣的是，此一定律與達西的地下水流定律幾乎一模一樣。水在室溫下的黏度約為〇．〇一普瓦斯；血液比水濃稠，黏度值較此高約三倍。機油的價格依黏度而異，其黏度在十到二十普瓦斯之間。熔岩的黏度則視溫度和岩漿的成分而有巨大的差異。以攝氏一千度噴出的夏威夷型玄武熔岩，黏度可能只有一百普瓦斯，但聖海倫火山流紋岩此種攝氏八百度的「冷」熔岩，黏度便可能高達一千萬普瓦斯。箇中差異主要與熔岩所含的二氧化矽（SiO_2）有關，而這一點具有致命性的意義：流紋熔岩的黏度極高，使岩漿氣體無法散逸，而會造成地球上最猛暴的火山噴發。

冰河冰移動得很緩慢，其流動在數十年的時間尺度上可以感知得到，黏度約為十的十三次方（十兆）普瓦斯。岩鹽甚至沒辦法跟上冰河的腳步（黏度約為十的十六次方普瓦斯），但以地質學標準而言，機動性卻已經很高了。鹽跟其他的沉積岩不同，它無法壓縮，掩埋後便無法壓緊或增加密度。因此，鹽在深度約一．五公里處，相對於周遭的岩石來說，便會具有正浮力，而以固體型態緩慢向上噴出，形成鹽丘和鹽柱（剛好成為理想的石油陷阱）。最後，地球的岩質地函則以這當中最令人倦怠的速率運動，估計其黏度約在十的二十一至二十二次方普瓦斯之間，是水黏度的一兆兆倍。這個數值來自於**冰期後回跳**的速率，也就是一度被更新世的厚重冰層下壓的地殼，所產生的緩慢向上翹曲，跟拇指印會從快烘烤好的蛋糕上慢慢消失有點類似。回跳速率顯示地殼下方的地函流回原處的速率，而某些地方的速率還快得驚人。例如密西根湖的北半部便以每年約一公釐的速率向上翹起，緩慢地濺上芝加哥。而在斯堪地那維亞，千年之久的維京船碼頭，現在位於海平面上方約一公尺或更高處（這些蓋世無雙的水手可不會容忍這種設計上的疏失），也顯示出同樣的回跳速率。

比這個速率快十億倍的地下運動，是測量地震規模的**芮氏規模**的基礎，這也是最知名的地球物理公制。芮氏規模跟其他的規模不同，是個沒有單位也沒有零值的專斷規模。除非你考慮地震的本質，否則這看來並不合邏輯。地震之所以發生，是因為地表下岩石中的**斷層**或裂縫（通常位於**構造板塊**的交界處）突然錯動所致。即使在最大的地震當中，**側滑**的量也不過以公尺計，但斷層的破裂區域卻可能延伸達數百公里。設想一下不使用滑輪，卻要從側面將華盛頓紀念碑推過華府國家廣場的情況；要花巨大的能量才能將這座大石移動一點點，因為有很大面積的區域都與鋪面有著摩擦接觸。同樣地，只有以彈性方式儲存於斷層兩側岩石中的能量，超過斷層表面的摩擦阻力時，斷層才會發生側滑。釋出的能量自破裂點（**地震焦點**或**震源**）呈球面波向外運動，當這些波到達地表，就可以感覺得到地震。這些波首先到達**震央**，也就是在焦點正上方的點，但這可能會在非常廣大的區域中都引發明顯的地面運動。局部地區的地面加速度可能超過重力的拉扯，而使物體彈向空中。設計來承載靜態重量的結構，在遇上這種猛烈顛簸之時便有可能失效。地震學家有個從全美步槍協會的保險桿貼紙借來的死亡笑話：「地震不會殺人——建築物才會。」

一九二〇年，加州理工學院的地震學家芮特發現，要了解地震的物理學，需要一套可將其效應量化的一致方法。他對地震研究領域最大的貢獻，便是將數千份簡單牢靠的地震儀分送到世界各地，建立起了第一個全球地震網路。

最基本的地震儀不過是垂直彈簧上的一塊慣性質量，裝在固定於地面或掩埋在地下的盒子裡。地面上下移動時，這塊質量還是會相對保持固定。若是質量上附有一枝筆，便可以在捲動的紙軸上記下地面和質量之間的相對運動，這就是**地震圖**。

今日使用的是電子地震儀，但原理還是一樣。芮特以他最早的儀器對不同強度地面運動的回應，做為地震規模的基礎。他有點武斷地將地震的**規模**定義為地震圖上最高「曲線」的對數，以距震央一百公里遠處一公釐的千分數計算。規模一的地震是芮特最早的地震儀所能測到的最小地震，如今更敏感的儀器則能測量負芮氏規模的地震事件。曾記錄到的最大地震規模為九．五，於一九六〇年發生在智利海岸外，全球各地的地震儀都因此破表。

這種地震所釋放的能量無與倫比。芮氏規模中，每增加一個整數，就表示地震圖上所記錄的振幅增加了十倍，但能量的增加則為**三十**倍。因此，規模為九的地震所具有的能量，是規模七地震的九百倍（就算是規模七也是個很大而危險的地震）。地震就人類觀點而言具有毀滅性，但就地質而言卻具有建設性。一八三五年達爾文乘「小獵犬號」航行，遇上更早一次的智利大地震時，便已經有此洞見了。地震過後，他發現陸地位置比之前上升了幾公尺。他了解到，千萬次這樣的事件可能就是導致「貝殼沿著兩千英里的西海岸升起」這奇異事件的「抬升力量」。[2]

地震打造了山脈，但所釋放的能量總是被人以毀滅性力量的單位來表達——等同於多少公斤炸藥的威力。以這個方式計算的話，一九六〇年的智利大地震所釋放的能量，等同於五十六兆公斤的炸藥，比廣島原子彈還夠力一百萬倍。此一能量有一部分轉換成巨型海嘯（地震海嘯波），在二十二小時之後襲擊日本。該次地震也激發出一種地球的內振模式，使地球以每四十五分鐘一次的最低音部頻率響了好幾天，或者說哼了好幾天——這比標準音階的中央C還要低了一百萬個八度。

犯錯的重要性

矛盾的是，即使最大型的地震也可以溯源到相當小的應力，以及此等應力對岩石中的小裂隙會造成的影響。就專門意義而言，**應力**是各向異（視方向而定）的壓力。如果從各個方向均勻受壓，則岩石的強度無限，這稱為**靜水壓力**狀態，因為這就跟人在水下的狀態類似。因上方岩石重量的關係，地球大陸地殼基底的靜水壓力（更精確地說，是靜**石**壓力）約為十千巴，約是地表大氣壓力的一萬倍。這個值看來巨大，但只要水平壓力都維持著相同的規模，深處的岩石並不會變形（改變形狀）。然而，哪怕不同方向（通常是構造運動所引起）的壓力規模**差異**只有百分之一（〇．一千巴），一旦為岩石所感受到，岩石便會視其溫度和成分而發生疏鬆斷裂或**延展流動**。岩石在各向異應力下有這種弱點，是因為岩石和礦物都充滿了細小的缺陷（微裂隙），大幅削減了它們的總體強度。

在地表下較淺處，岩石比較冷而疏鬆，強度也因無數微裂隙的存在而受限。這些微小、扁豆形裂縫的頂端，就像梯子的末端或襪子的縫線處一樣，全都是高應力點。通常會分散及於整個裂縫區域（或穿過襪子接縫處）的力量，此時卻集中在瑕疵的末端。岩石被施以強大的各向異量時，位於應力強度最高處的微裂隙就會開始擴大，結合成更大的裂縫，有時便導致災難性的大規模斷層錯動。（同樣的現象也引發一九八八年一樁恐怖的飛航災難：一架老舊飛機正在下降，預備降落在夏威夷的茅伊島時，機體的微裂隙突然連成一氣，在七千二百公尺的高空撕裂了機身。）[3]

岩石及源自岩石的物質（磚、混凝土、玻璃）在壓縮量下總是比在張力（伸展）量下有力，微裂隙也是其原因。岩石受到壓縮時，物質中絕大統計多數的微裂隙都會閉合，從而提高了裂隙表面摩擦互動的有效面積。然而在張力應力之下，多數的微裂隙通常會張開，減少了摩擦接觸的面積，儘管此時差異應力比壓縮狀態下低許多，還是會導致岩石失效。高大的石造建築必須採用拱窗和門廊，就是基於這個原理；直角形的開口會向下延伸至中心，弧形開口則與此不同，而是每一個點都承載了上方建築所施加的壓縮量——古羅馬人可謂善加利用了此一基本的物理屬性。

在地殼的較深處，溫度高到足以使微裂隙因再結晶作用而獲得治癒（或鍛鍊），但此一深度的岩石，卻因為另一種更微小、稱為**錯位**的缺陷而變得更脆弱。在結晶晶格的錯位點上，組成原子的層疊會扭曲掉。想像一下三十名的一群人，被要求自發組成一個整齊劃一的方形緊實列陣。如果房間中有半數著手從事這項工作的人，心裡想的是五列六行，而另一半人想的是六列五行，結果這個列陣就會變得有點不規則，有半列和半行卡在這群人的中間。為了盡量維持緊實，連續的列跟行就得繞過不完整行列的尾端。這跟常見的錯位型態很像，亦即多出來的原子平面會插在結晶的中間。天然結晶中都充滿了這種微小的錯誤。就跟微裂隙的頂部一樣，此種錯位也是應力集中之處，因為結晶晶格中鄰近的列必須繞著它彎，原子就稍微脫離了理想的位置。若不是因為錯位的存在，礦物會比現在強硬個十倍。

錯位就跟微裂隙一樣，會在各向異量之下移動，限制了巨觀上岩石的強度，最終則支配了山岳的高度和命運（就跟基因組複製的小小差錯，是生物演化的仲裁者一樣）。用一句話來說，就是：錯位、錯位、錯位。千萬不要低估了小人國的力量。

量測溯及既往

以實際的時間測量地球的脈搏，並監控其他生命跡象，使我們對這座行星的運作方式有了許多了解。然而，儀器所做的紀錄總是很精簡，並不會使我們了解：在數年或數十年間所偵測到的變化，與過去地質變化的規模相比，具有何種意義？例如地球磁場的強度在不到兩世紀中便滑落了十個百分點，對此我們該感到警覺嗎？人類造成的大氣溫室氣體真的多到足以影響全球氣候嗎？就像醫生藉由讀取病人的健康紀錄，而對病人當前的情況有更多的了解，我們也得查閱地球的檔案，以便理解地球現在的狀態。但這些檔案都保存在哪裡？我們又該如何閱讀這些有時以潦草速記符號所寫就的檔案呢？

許多岩石暗藏的隱形祕密檔案當中，有一種是岩石形成時磁場的紀錄。玄武岩之類的火成岩自熔融狀態冷卻時，富含鐵的微小礦物顆粒（如氧化鐵磁鐵礦及氧化鈦鈦鐵礦），會順著特定地理位置岩石磁場的方向排列，如同鐵屑在有磁鐵條在旁邊時，會呈叢狀聚集而排列。這些結晶不僅指向當時磁北極的方向，也會垂直斜向其形成時所處的緯度。也就是說，磁場線在靠近赤道處呈水平狀，愈接近磁兩極便愈陡，到磁極處則呈垂直。（加拿大北極圈內的埃斯米爾島非常接近磁北極，事實上是還要更北一點，我在當地做田野調查期間，我們還得拿銅線來抵消羅盤上的磁針，否則它們就會直往下指。）磁場弱的時候，冷卻岩漿中富含鐵的礦物，便會發展出比磁場較強時微弱的統計排列，就好像馬虎的領導者帶領的遊行樂團，隊伍行列通常都呈波浪形，但在嚴格指揮的管理下，隊伍就會形成完美有序的列陣。由岩石中含鐵礦物的排列所保存下來的殘存磁場，其總強度便可用來當作岩石形成之時，地球磁場強度的代理紀錄。

全球各大洋海底的玄武岩，保存了地球磁場史上最具時間連續性的紀錄。此一磁場檔案的發現頗為偶然，是冷戰期間對海床進行防禦相關測繪的副產品。美國海軍為了找出隱匿潛艇（並偵測蘇聯潛艇）的新方法，在一九五〇年代讓船隻拖曳磁量儀而航行。航行路線的地磁資料編纂成軍事圖表之後，參與巡航的地球物理學家便對這些出人意料的模式大感著迷。從磁量儀讀數中減去今日的地球磁場之後，這些地圖顯示的是寬廣的條帶，就好像商品條碼一般，以或正或負或反常的磁場強度值描繪出海底。（就狹義的科學意義而言，「反常」是指一組數據中量測值的偏差，而此處的數據指的便是現代的地球磁場。）反常的規模很小，只比一微特斯拉略高（約為地球總磁場的百分之十），但正磁化岩石和負磁化岩石之間的界線，卻明顯得很奇怪，新測繪到的洋脊相對兩側呈現著高度對稱的排列。

這些條帶的重要性在五年後才為人所了解。而後在一九六三年，劍橋大學的地球物理學家范恩及馬修提出假設，認為這些條帶是地球磁場兩極翻轉的水平紀錄，刻印在因**海底擴張**而自中洋脊向外推擠的玄武岩上。[4]此一觀念不僅對新興的板塊構造學做出最重要的貢獻，也是關於地球磁場的激進新觀點。地球南北極過去曾反覆對調位置的證據，暗示著地球外**地核**（磁場的來源）的動態，遠比之前所想像的複雜許多。

現在已有數百筆**磁極**翻轉的紀錄，取自海底和陸地岩石的都有。事實上，地磁翻轉已成為地質時間尺標的重要參考點，但我們對地磁翻轉確切機制的了解還是不夠完全。磁場是個透過正回饋自我維持的電磁發動機；外地核中的液態鐵流與磁場共同製造出電流，這電流維持磁場的存在，磁場又再製造出電流，如此這般，是個雞生蛋蛋生雞的場景。若非如此，地球磁場會在數萬年前便已衰亡，而它竟能存在數十億年之久，真是非常不得了的事。事實上，愛因斯坦便曾指出，地球能夠長期維持磁場的存在，是物理學上重大的未解問題之一。

發動機理論的概念雖然相當簡單，但誠如數學家所言，要將之做成量化模型卻非易事。（「這麼多發動機！」是地核模型製造者的口頭禪。）不過，一九九五年，在 Cray C90 型超級電腦上作業數千小時之後，終於模擬出地球外地核發動機磁翻轉的虛擬版本。[5]其中一極的程式跑了四萬年的模型時間後，虛擬地核中有些區塊便發展出極性相反的物質，南、北半球皆有，就像太極圖上在顏色相反處，各有黑色和白色的點。當這些區塊發展至關鍵大小，整個區域都會翻臉，北方於是變成南方。這在模型時間中幾乎就是瞬時事件，與翻轉事件只需時約一千年的地質證據相一致。

在美國俄勒岡州東南部，有一片很久以前便硬化成岩石的驚人玄武熔岩流，清楚地記錄下一千六百萬年前地磁翻轉的地質瞬間。[6]數公尺厚的熔岩流會在數天或數周內由上而下冷卻，在磁場穩定的情況下，熔岩流表面和內部的磁性特徵會保持一致。然而俄勒岡州這片熔岩流所記錄到的，卻是不同的磁場強度和方向。除非有什麼東西在熔岩流冷卻之後，又干擾了岩石中磁性礦物的排列，否則磁性特徵中的垂直變化最好的解釋，便是熔岩固化的時候，磁場的方向正在劇烈波動，強度規模也正在急速下滑——方向約為**每日**移動三度，強度則為**每日**〇・三微特斯拉。明確的新北極終於出現在岩層較高處的熔岩流裡，這代表的可能是數十年、數百年或更長的時間，但同位素定年技術卻無法確認這麼短的時間尺度。

此方面的共識為：地磁翻轉的時間尺度約為一千年或更短，以地質標準而言可謂短暫，但就生物標準來說卻很長久。在轉換期間，磁場雙極（南北極）元件的規模幾乎消失，在新的兩極自我確立之前，只留下一片強度較低的雜訊場。一八五〇年以來地球磁場強度的急速衰減，可能就是下一次磁翻轉的先聲。上一次地磁翻轉約發生於七十八萬年前，此後我們便不曾直接體驗過大氣圈及生物圈內缺少強烈雙極場可能造成的影響。值得高興的是，過去已明確定年的許多次磁翻轉，無一與重大滅絕事件有關，暗示著地球的保護性磁場減弱時，宇宙射線的轟炸還沒有極端到為化石所記載的地步。很明顯地，利用磁場導航的動物也找到一些方法，而不致於在沒有南也沒有北的時候絕望地迷途。

然而這對科技的影響可能卻嚴重得多。衛星通訊系統和電力網較易受到太陽耀斑的影響。二〇〇三年的科幻電影《地心毀滅》，實如其名般深不可測，描述的便是地球磁場震盪時所產生的全球性電磁大災難。幸運的是，一組堅毅的「太地人」（terranauts）團隊深入地球中心，導正情況而拯救了這座行星。真正的地磁翻轉大概不會有這麼悲慘的結果，但卻也更難預防。

細小泡泡

地球的大氣和氣候系統與地核不同，都位於人類接觸得到的範圍內。要評量人為氣候變遷的可能影響，我們就得在與經濟規畫和政策決定相當的時間尺度上，找出能夠提供氣候資訊的天然高解析度氣象學紀錄。雖然樹木的年輪、鐘乳石、甚至林鼠貝塚當中，都有許多地區性古代氣候的珍貴檔案，最佳紀錄還是保存在長壽的極地冰帽裡。

二十多萬年來，格陵蘭與南極冰帽都是空氣裡任何東西的貯藏所。[7]兩極的雪每年所捕捉的氣體與粒子物質，就像是自然界的雜誌年終回顧特輯。遠方的火山爆發、塵暴和核子試爆，全都按時儲存在這些全球資料銀行裡。冰裡的小泡泡就像縮小版的玻璃瓶，收藏著過去特定時間裡大氣氣體的樣本。二氧化碳和甲烷等自然產生的氣體，以及氟氯化碳等人造新移民的濃度，全都能以近乎一年的時間尺度追溯得到。

這些氣體檔案保存了非凡的細節。就所占大氣總成分的百分比而言，這些氣體顯得微不足道；二氧化碳和甲烷的體積，都以百萬分率的百分數（ppmv）計算。但即使這些氣體濃度很低，卻很有效地將太陽能保持在近地表處。古老冰層中的小泡泡揭露了過去這些氣體天然變化的程度，同時也驚人地顯示出，從地質觀點來看，人為變遷的**速率**可謂史無前例。例如自上一次冰河期高峰（約一萬八千前年）到工業革命開始（約一八〇〇年）的這段期間裡，二氧化碳的濃度以每年〇·〇〇四ppm的速率上升。自一八〇〇年到現在，增加的速率已超過每年〇·六ppm，也就是較之前快了一百倍多。

這些觀察清楚記載了大氣化學中人為變遷的相關規模，但並不會直接回答「過去的溫度如何？」此一最基本的天氣問題。目前冰本身的溫度，並沒有記錄下它以雪的形式落下時的狀況，不過隨深度而變化的溫度，則能夠提供一些冰層熱歷史的一般性資訊，這就好比你把溫度計插入烤爐內部，以分辨冷凍的烤肉已在爐中烤了多久。

要獲得更多細部資訊，我們就得查閱溫度**代理紀錄**，也就是過去溫度的間接指標。箇中關鍵在於辨識一種會在年度冰層中留下可量測紀錄的感溫作用。這種作用跟樹木的年輪有點像，不過是非生物性的，也較不受其他變項的影響（如樹木的生長不只視氣溫而定，也會受降水和光照的影響）。

氧和氫同位素的排序是此種作用之一。水蒸氣透過反覆的降水與蒸散循環，自熱帶往極地運動時，便會產生此種排序。所有的水都是H_2O，但有些水分子卻比較重，這是因為氧和氫都有比正常分子重一點的穩定同位素（多了一個中子的變體）。所有氧原子都有八個質子，多半也都有八個中子，因此**原子量**為十六（標記符號為^{16}O）。但有些氧原子卻有九或十個中子，於是原子量就是十七或十八（^{17}O或^{18}O）。氫也一樣，在正常形態下有一個質子（^{1}H或簡單標記為H），重量級的重氫（deuterium，^{2}H或簡寫為D）則有一個質子和一個中子（deuterium指的是原子量為二）。所謂的「重水」含有異常高濃度的重氫，是刻意製造以供核能發電廠的調節器使用，其水分子的額外重量可使快速繞行反應爐的中子減速，而有助於維持核分裂作用。

大自然自有以各種分子量來製造水的辦法。地球的大氣循環系統將水蒸氣自低緯度移往高緯度時，水會冷凝並多次蒸散。較重的同位素每次都可能轉變成液態，較輕的則被「揀選」而呈氣態。水蒸氣抵達兩極時，帶有的^{16}O比^{18}O多、一般氫比重氫多，因此就同位素而言，就總是比在熱帶地區時輕。冰河冰中穩定的同位素比例，可以當作古溫度計使用，因為蒸散與冷凝作用期間的同位素排序或切割，在溫度下降時會比較明顯。這好比冷戰雖嚴厲地將東西德區隔開來，但文化上他們依舊還是同一群人。地質學家將晚近的極冰，與較低、較老冰層中^{18}O－^{16}O或D－H的比率做比對，就能對過去兩極乃至全球的溫度做出量化推論，因為冰裡的同位素值也會反映出大規模的大氣作用。（以工業效能的標準來說，這意味著重水廠應該在全球溫度較低的年份取用低緯度的雨水。）

冰核古溫度計明確地告訴我們，全球溫度與溫室氣體濃度強烈相關（不過這些濃度會以看似無關緊要、以百萬分率計算的規模而變動），且二氧化碳和溫度都有過複雜的振盪。我們可以看出為期十萬年的波盪，與地球軌道半徑的周期性變化（地球赤道隆起所導致的二萬六千年歲差周期）有關，也能夠看出許多高頻波動與海水環流等現象之間的關聯。冰河學家艾理曾比較過去數萬年間地球氣候的變化，以便「一邊玩溜溜球，一邊在雲霄飛車上進行高空彈跳。」[8]但重要的是，這些振盪似乎有上限和下限，溜溜球的繩子和彈跳索似乎從來沒有斷掉過。每個最低點都有個對應的最高點，每次俯衝都有對應的回彈。我們已經可以取得病人過去的紀錄，現在則要理解它們。即便是最佳的診斷者，在此種複雜度面前也得畢恭畢敬。

冰核中的穩定同位素顯然提供了過去氣候的高解析紀錄，但即便是最老的冰層，也不過更新世後三分之一或冰河期這麼老而已（在冰河期間，冰層總共至少有過二十次前進和後退的循環）。地質學家還有許多方法找到其他的氣候代理資料，可以帶我們回溯到更久遠的過去。比方說，深海沉積物就包含了數種不同的氣候標記。海底沉積物就跟極地冰一樣，是全球碎屑的貯藏所。在遠離大陸邊緣的水裡，沉積速率非常低，堆積起來的沉積物可視為一種混合良好的樣本，顯示特定時間裡，全球海洋中有些什麼東西。海洋微生物的殼提供了數種古氣候資訊；各種浮游物種都只能容忍一定範圍內的溫度，其化石便提供了它們壽命期間水溫的直接紀錄。此外，微生物殼中微量元素與氧同位素的比例，與冰核古溫度紀錄足堪匹敵，但解析度則以千年而非年計。而在陸地上，湖泊沉積物中的花粉、古代春季沉澱物的化學成分，以及化石化植物葉子的外形，有可能透露時光深處某日的天氣，它們全都被詳細地檢閱過。它們所喚起的，是每個時間尺度上有過的變化，那是漸弱波的高頻波紋，是地球愛樂樂團特有的聲音。

延長的海岸線與宏大的細菌

諷刺的是，我們探測地球過去與現在狀態的能力已益形複雜的同時，「量測」這概念的本身卻意外地成了問題。我們在試圖測量地球的過程中，所獲得最深刻的理解，便是我們的量測法並非絕對，也只有置於脈絡當中才有精確可言。一九六七年，IBM公司的曼德布洛在標題頗具挑釁意味的論文〈不列顛海岸有多長？〉當中，以**碎形幾何**為擁抱自然界維度深度的數學分枝命名。[9]曼德布洛的論點很簡單：若你使用很長的棍子來測量海岸線，你會記錄到最寬的弧線，但會遺漏峽灣、港灣和小海灣，於是你會得到海岸線並不太長的結論。但你使用的尺愈短，海岸線便愈長。曼德布洛稱這種「伸展」的特徵為**碎形（fractals），因為它們並未安好地落入歐幾里德幾何一、二、三維特徵的範疇，卻必須以分數維度**（非整數）來加以描述。漸伸的海岸線是比一維的線條多一點，但又比二維的平面少一點的某種東西。

曼德布洛估計不列顛西岸的碎形維度為一．二五，而非洲則有著較簡單、較為歐幾里德式的海岸線，維度值接近一．〇。此一差異顯示，兩處海岸是由不同的構造與氣候作用所塑造。地形表面也與此相似，是某種比平面多而比三維固體少的東西。因此，視其險峻程度（岩石與水在時間裡的共同傑作）的不同，地貌的碎形維度通常在二．〇（美國北達科他州）到二．四（紐西蘭）之間不等。

碎形維度是一種後設測量，是描述構成較大系統的各種規模實體的**尺度率**。芮特與同事古騰堡於曼德布洛之前數十年便已指出，世界各地的地震都遵循一個一致得驚人的尺度率，地震規模與頻率之間存在著一種分明的逆向關係：芮式規模每減少一個整數，年度地震的發生數就增加十倍。平均而言，每年有一起規模為八的地震事件，十起規模七的事件，一百起規模六的事件，餘此類推。我們從能量的角度來考慮的話，則較小的地震便是每年地震能量釋放總數的重要零頭。一百萬起規模二的事件（因為太小只有儀器感測得到）加總起來，所釋放的能量便跟一起規模六的地震一樣。雖然就人類的觀點而言，較大的地震較具毀滅性，但就地質角度而言，它們的重要性並不會比許多較不具新聞價值的小地震高。

阿爾卑斯山北部、加拿大亞伯達省的洛磯山脈，以及美東阿帕拉契山谷地與山脊等為斷層所掌控的山岳帶，也同樣遵守這種尺度關係。這種板塊碰撞所產生的摺衝斷層帶，從機械觀點來看，很像鏟雪車前方的雪楔。視底部摩擦力及雪本身強度（內部摩擦力）的不同，楔（wedge）會形成具有特定角度的錐。高底部摩擦力與低內部強度組合起來（如粉狀的新雪），便會形成最粗短的楔形。低底部摩擦力加上高內部強度（堅硬的老雪），則會形成最細的錐。構造鏟雪車前進的同時，控制摩擦變數的物理條件若維持恆定，錐角度就會因為每個尺度上的破裂、錯斷與摺疊而維持著定值。這樣的系統處在一種「自組臨界」狀態下，或者說，是處在「動態平衡」狀態下。這種系統維持著受物理定律支配的總體外部組態，但能量與質量流經其內部的方式，則與渦流（如龍捲風或漩渦）維持形狀的方式相似，亦即組成渦流的空氣與水分子隨時都在變動。

成長中的山岳帶跟一堆疊在自己**棲止角**上的沙一樣，到處都是失效點，要保持形狀，就只能在每個尺度上都不斷進行調整。最大的結構當然也最壯觀，是壯麗山峰與寧靜山谷的特色，但若將所有尺度上的結構組成都予加總，我們就會發現，在與山脈建構有關的**地殼增厚**當中，較小的摺皺和斷層占了很大的一部分。研究山脈建築學的結構地質學家（如我），早在碎形數學現身之前許多年便了解到這一點，長久以來也一直都在唸誦「小尺度結構模仿大結構」的箴言。

這種「自我相似性」是碎形的本質屬性，碎形看起來都一樣，也就是說，在不同的尺度上都與自身相似（這就是地質學家為自己的鏡頭蓋和瑞士刀拍很多照片的原因）。生物系統的碎形本質為人所知已有許多年了，連十八世紀的諷刺作家綏夫特都知道：

所以，博物學家觀察到，跳蚤
有更小的跳蚤來捕食牠；
而這些尚有更小的來咬牠們；
如此下去永無止境。[10]

我們可以利用這個特性；這意味著小系統是所棲身的大系統的微宇宙，而我們可以透過研讀縮小版來學習龐大笨重的系統。但這也表示我們常會選擇一種武斷且通常為人類大小的尺度為標準，來了解其實更為深沉的特質。即便我們已然知悉較大和較小的「跳蚤」，要將之同時銘記在心還是很困難。

有時候，選擇一種尺度來提問，並從遠處瞇著眼睛觀看發生於較小尺度上的作用所造就的總體結果，是完全合理之事。巨觀上可測量的屬性，通常都由大量看不見的微小活動所組成。比方說，流動快速的流體，其整體黏度便是由縮小版的大漩渦、旋風和漩渦的效應加總而成。

英國流體機械學家兼氣象預報先驅理察森，受到綏夫特知名警句的啟發，而寫下了自己的流體頌：

大渦紋有小渦紋
以其速率為食；
小渦紋有小小渦紋
直至有黏度。[11]

而在其他情況下，忘掉碎形現象具有超越尺度的本質，我們便失去了比例感——因而也都遺漏了用以界定系統的重要特徵。生態系是碎形的自組實體，其尺度關係反映的是：環境裡的能量流會由行光合作用的**初級生產者**，經草食性動物再進入到肉食性動物。每個此種**營養級**（如草食性、蟲食性、肉食性等）中的個體數，都受到下一級貢獻者的嚴格限制，因此在此種規則下，生物的數目便會隨其大小的增加而減少。有趣的是，描述身體尺寸與族群關係的係數，在海洋和陸域生態系中似乎都是一致的。[12]此種關係暗示著，所有生態系中的生物生產力，都為同樣的「力場」所約束。也就是說，生產力是由同樣不可違反的「能量移轉定律」所型塑，就跟山岳幾何受到基本機械原則規制是一樣的道理。

大型食肉動物一定比較少，因為牠們的「人均」能量需求很高。而在另一方面，若獅子、老虎和熊突然從生態系的頂層被移走，牠們以前的獵物（鹿、兔子等）就會開始蔓延，消耗掉所有可得的植被，在營養階梯上將整個生態系都顛覆掉。不過，系統級的不穩定可能起始於任何一個營養級，從底部破滅跟從上方傾覆一樣常見。因此，大與小是處在相互約束並彼此依賴的動態狀態之下。基於這個原因，也就沒有適合於研究生態圈的單一尺度。所有尺度的生物都以合於自己階系位置的方式，對整體的維繫做出貢獻。

全球生物階系中若有任何單一的權力寶座，那便是單細胞初級生產者、勤奮的自營生物（自我餵養生物）的層級。這些以細菌為主的生物是非常成功的企業家，很早就學會了如何（透過**光合作用**）直接自陽光汲取能量，某些生物甚至能從岩石表面和礦泉中吸收化學能量。它們是三十五億年來未曾中斷的世系中的古老神祇，也是非生物與生物之間的連結。相反地，任何特定百獸之王（不論是老虎、暴龍還是三葉蟲）的統治，卻總是短暫而徒勞。在維持行星恆定的巨大生物地球化學循環中，食物鏈高層的生物扮演的只是小角色，微生物才是大氣與海洋化學作用的真正中介者，亙古以來始終如是。

人類通常專注於宏觀的生物群落，對鯨魚和貓熊等較大型的動物所抱有的同情，也比較不具魅力的微動植物多。單細胞生物雖然通常都不受注意，在地球上卻無所不在，不只存在於陽光普照的海洋等舒適宜人的地方，也存在於無光洋底噴出硫磺的火山口、乾冷的南極岩石、海冰層、幾近滾沸的熱泉和鹵水池塘當中。四分之一茶匙的深海沉積物當中，便含有十億個細菌細胞，有些估計認為，光是這些討厭的微生物，可能就占了生物圈活碳的百分之十。[13]我們與細菌生物圈的關係甚至還更親密也更深刻。微生物學先鋒瑪歌麗絲認為：「我們的乾體重有整整百分之十是由細菌所構成，另有一些細菌雖然不是我們身體先天的一部分，但沒有它們的話，我們就活不下去。」[14]事實上，健康人體當中的細菌細胞比動物細胞還多（細菌細胞比動物細胞小得多）。我們自己的身體在某些方面就是生物圈的小宇宙。

然而，我們必須銘記在心的是：目前的生物圈，只是地球已經哼唱了三十多億年的主題中，最新的一曲變奏。化石紀錄告訴我們，有許多生物圈在地質時間中來來去去，有時會從一個場景慢慢淡入另一個場景，其他時候則被大災難傾軋成新的型態。認為大自然已達到某種終極完美的平衡，那就太低估自然的奧妙和豐富了。自然系統之所以如此強固，正是因為沒有永存的體制，也沒有絕對的平衡，所有元件都恆常受到檢視、剔除和置換。粗略看一眼化石紀錄便知道，已有無數的物種和整個譜系都已滅絕。但從某些基本方面而言，這些已故生物圈都一樣。例如有個極富野心的統計工作叫做「古生物學資料庫計畫」，是對所有已滅絕生物的戶口普查；該計畫顯示，全球物種多樣性至少自奧陶紀（約四億七千五百萬年前）以來便近於恆定。[15]這非凡的成果顯示，自然經濟的結構（生物可得的「環境地位」或「工作」的數目，以及生產者、消費者、清道夫與回收者之間的關係）在時間裡一直大致保持不變，只是填補這些角色的物種已一再換過而已。

立法者還是違法者？

營養尺度法則型塑生物圈至少已有五億年，而人類透過農業科技的不斷擴張，看來已成了第一個免受此一法則規範的物種。我們是食物鏈頂端的肉食性動物，數目卻多得不自然。為了了解這一點，可考慮以下的情況：如果與**岩石圈**能量釋放有關的地震尺度法則，突然以人類改變生物圈能量流的方式變化，那麼**每年**都會發生許多一九六〇年智利大地震規模的地震。如果六十億人類都變成素食者，我們就又具有碎形正確性了，但這種因打破尺度率而來的廣泛悔改，看來不太可能發生。我們為了滿足貪婪成性的集體食肉欲，而從事全新的營養建築實驗，包括把牛變成食牛族。牛海綿樣腦病（狂牛症）與我們餵食牛隻吃自己兄弟姊妹大腦的行為有關；這可能是個警訊，告訴我們重接生命迴路會造成的災害。

但改變生物圈的形態和組織以及規制生物圈的法則，是否本質上就具有危險性？畢竟這種竄改行動是農業的本質，是使文明本身得以興起的行為，將我們從荒野裡的狩獵和採集活動，領進了農莊和美食街。我們之所以是個成功的物種，是因為我們找到了聰明的辦法，將卡路里流導向自己，不論是從蜂巢偷蜂蜜還是對農地施放肥料都一樣。我們的愚蠢在於：我們認為系統的其他成員（蜜蜂、熊、細菌）不會注意到這一點，而會像以前一樣繼續生活下去。地質紀錄顯示，不論何時，只要生態法則大幅變動（例如行光合作用的生物所產生的氧在大氣中開始累積，或第一批掠食動物大啖牠們不設防的獵物），舊的階系就會被顛覆，無政府主義的再調適時期必然隨之而來。

當然，這些重組的範圍和時間尺度，要視法則變動的規模而定。然而大小的感知，和對自己造成的變動所具有的顯著性，卻經常有所曲解。首先，就系統是否會受到顯著影響而言，變動的**速率**可能比變動的絕對振幅更為重要。例如，若是發生在一千年內，全球平均溫度上升或下降十度便算重大事件，但若是發生在十年內，那就是災難。所有生物物種都有其特定的繁殖間隔和成長速率，為演化的腳步設下了上限。若是變遷發生的速率明顯較此為快，滅絕就是無可避免的結果。因此，干擾了特定的大小和速率，對系統就會產生與規模相應的影響。劇烈的氣候變遷會不成比例地傷到大型、繁殖緩慢的生物，大量複製的微生物卻能毫髮無傷。實驗室裡的生態系模型已然闡明了此一觀察，但這在地質紀錄的大滅絕事件中還更為鮮明。[16]在寒武紀末期和白堊紀末期的啟示錄裡，舉凡比貓大的動物，全都沒能擠過通往下一紀元的窄門。

自然系統的非生物元件也有其內在的節奏，是由定義了它們的物理作用與互動行為所規制。比方說，洋流、地下水回補、使岩石風化的化學作用，全都受制於水和岩石的物理與化學屬性。海洋、**地下蓄水層**和岩石遇到突然變動時，或許不會立即反應，但在比人類注意得到的更長的時間尺度上，它們依然會有所回應。

更奧妙的是，環境規範的變化大小，必須相對於系統的**歷史**來衡量。岩石和生物擁有長久的記憶，它們對變動的回應，總有一部分受到其演化傳統的影響。生物會透過基因資訊而「回憶」祖先的經驗，至少也會憶起那些宰制其生存的事件。若是環境變遷與過去的激變產生共鳴，物種或生物便可能已經具備了安然度過的能力。但在另一方面，若變遷的本質是陌生的，存活的機會可能就很渺茫。

岩石也一樣記得型塑了當今地貌、水質、土壤化學的過去。太古元的岩石與昨日的雨水互動，寒武紀所形成的裂縫又被今日的地震重新啟動。危難當頭的時刻，一地獨有的地質遺產可能出人意外地重要。比方說，若是目標岩石不同的話，白堊紀末期的隕石撞擊可能不會具有那麼大的毀滅性。尤加敦海岸外撞擊地點的石膏與石灰岩地層，釋放了巨量的二氧化碳和二氧化硫，分別首先導致慘酷的「核子」寒冬，其次又引發焦炙全球的**溫室效應**。在這個意義上，地質生物圈不是三維而是四維的，時間便是那條額外的軸線。

此一固有的歷史性，是地質與生物領域和物理、化學的分野所在。所有的電子都一樣，豁免於時間，也自由於記憶之外，但若是不了解其演化路徑，便不可能完全了解岩石和生物。

採取地球度量

測量地球一度看似是個簡單、有限的任務，結果，「量測」卻比我們所想像的更難索解。事實證明地球驚人地難以測量，至少以一般的測量方法而言是如此。我們發現有些系統近看時會變大，而有些量值會隨方向而變動、視歷史而不同。我們看到大型系統受到最小相關現象的規制，這對我們對階系與控制的一般概念構成了挑戰。或許解決此一矛盾的方法，便是終於拋棄使量測不斷趨於精準的聖杯，因為若是追求這一點，乃至排除其他的探索模式，我們可能就會對自然系統固有的邋遢性視而不見。強求自然符合削足適履的定義（過濾掉看來不整齊的部分）所造成的危險，已被阿根廷小說家波赫的一則故事以譬喻的方式闡明。[17]在這則寓言當中，一個虛構王國的官方製圖家被告知要就國土繪製一幅一比一的地圖，結果這幅地圖大到覆蓋住全境，國土不復可見。久而久之，國民便視地圖為真實，忘卻了地圖之下的一切。然而地圖逐漸磨損破爛，最後終於粉碎而消失，人們於是發現自己竟然遊蕩於陌生而無法理解的土地。

若就地球製造真實比例的地圖是個愚蠢的妄想，我們又該如何量測我們的星球？也許目標不該再是獲取可靠的比例感，以及基因學家麥克琳登所稱的「對有機體的感覺」。[18]那麼暫時而言，我們對地球有機體又能說些什麼呢？這在某些方面其實很簡單也很熟悉，例如規範地表及地下水流的法則，也同樣引導了血液流過我們的血管。然而，地球的（大氣、生物、水、構造、磁）系統不僅大得多，也遠比這**深沉**許多，最大和最小的要素之間，還存在著微妙的相互關聯。這些系統在時間意義上也很深沉，所擁有的豐富歷史，也對其當前狀態具有強烈的影響。小現象也可能發揮驚人的力量：球度的一點微小偏差會導致整座行星不穩而搖晃，礦物中的雨滴和細小的裂痕會拖垮山脈，空氣中的微量氣體主宰了氣候，微生物調節著大氣。或許我們探測地球時所面對的最大挑戰，是要對我們人類之為一個物種，抱有一種適當的尺寸感。我們就像被寵壞的小孩，總是高估自己在地球上的重要性，卻低估了我們專注於自身時具有的毀滅性。

第四章　混合與分類

用搖的，不要用攪的。

——詹姆士・龐德

生者，假借也。

——莊子

事物之道將益見雜亂、粗糙、零落、混淆。一頭亂髮很少會自動解開；圖書館的書通常不會自己回到適當的架上；待洗衣物不會自己依顏色分類；小麥也不會自發地與殼分離。因此，為了使事物常保整齊有序，每天都要耗去巨量的人力。我們許多家務、農業與工業活動都在對抗**熵**的戰役中煎熬——熵是一股無可阻擋的態勢，使宇宙朝向最大無序度演化；而要對抗這種無與倫比的混亂之潮，所需的是碩大無朋的能量。

因此，地球是個如此井然有序的星球，其實是件有點奇怪的事。從冶金學角度而言，地球是高度精煉之物，是由太陽系中相當罕見的物質所組成，地殼尤其如此。組成地球地殼的大量火成岩、變質岩和沉積岩，某程度上而言乃是行星的歸檔系統，就像一個個的箱子，用來收存經地質與生物作用選擇性蒸餾、溶解、篩選、分類過的物質。鐵和鎳於地球形成早期大量沉入地球中心，當時這座行星還是一團熔化的金屬和岩石。富含矽的渣滓形成了岩狀的地函；火山作用則自地函精煉出鋁、鈣、鉀等主要元素。碳是地球團塊中較次要的成分，由火山在長時間中釋出，主要被隔離在石灰岩等類的碳酸鹽岩當中。在地球上整體含量愈來愈少的磷，則被生物圈謹慎收取並貯藏起來。相反地，月球在自我組織方面從來就沒有多少進展，在滑入休眠狀態之前，也只設法產生了兩類不同的岩石。月球沒有可進一步分類其成分的構造、大氣或生物機制，因此一直都只是一個未差異化的團塊。地球所獨有的高效率分類機制，是個持續不斷的作用，始於太陽系形成之時，是在宇宙星塵之海中撈針的故事。

岩石與重金屬之星*

十九世紀中葉，正當地質學家忙著測繪地球的過往（定義地質時間的界線與輪廓），俄國化學家門德列夫則在製作物質世界的第一幅地圖——化學元素周期表。早在原子結構為人所知之前數十年，門德列夫充滿遠見的圖表，便將元素以質量遞增的形式排列，顯示不同物質類型間的關係，甚至預言還有一些尚未發現的元素存在。今日我們了解到，門德列夫就物質屬性所觀察到的周期性，與原子中電子能階（或軌域）被填充的程度有關；「周期性」說明了哪些元素有一、兩個電子可以送人，哪些元素又是快樂的電子接收者。在周期表上，**具有相似最外圈電子的元素會疊在同一欄裡**，與同伴元素有著類似的舉止。位於最右邊一欄、驕傲自大的**稀有氣體**則有**充分填充**的電子外殼，拒絕與其他較次型態的物質互動。

周期表是一本厚實的資訊手冊，說明物質組合及行為的方式，但這個表在某些方面卻也太平等主義了。周期表上整齊的行列，公平地代表每種不同的物質，對豐沛常見的跟稀有短暫的都一視同仁。周期表有點像美國的參議院，只不過每個元素只有一個席次（美國各州在參議院中各有兩席）。稀有物種如鐿和鋨（是化學疆土上的北達科他州和懷俄明州），以及連名字都沒有、只在核反應爐中稍縱即逝的元素，都與氫和氦（等同於加州和紐約州）占有同等席次。如果周期表的席次是以宇宙人口的比例來分配的話，那麼百分之九十九的席次，都得保留給這

＊譯注：原標題為stars of rock and heavy metal，是採rock一詞的雙關語意，將本節所提到的內太陽系岩質行星，比喻為太陽系中的搖滾樂（rock-and-roll）與重金屬樂（heavy metal）明星，以示此類行星（尤其是地球）在組成成分上的罕見與特異。

兩種棲息在門德列夫圖表上端的最輕元素。古希臘人相信宇宙是由土、氣、火、水四種基本元素所組成，但事實上，宇宙的組成可以方便地只以兩種元素來概括，那就是氫和氦。

元素周期表還有另一個缺點（至少地質學家和其他關心時間、地點的人看來是如此）。這個表帶著柏拉圖式的光環，存在於一個空想的平面上（或許是化學講堂的牆壁上吧），超脫了物質實際棲身的時空領域。周期表並不訴說元素的壯觀起源、歷史、棲身處所和密度。我們體內的每個氫、氧、碳原子，都只是宇宙圖書館的短期出借物，早先被分配給遙遠的恆星、調皮的彗星和岩石斷崖，不久後還將歸還回去以備未來的循環，但周期表並未能喚起人類使用者對元素應有的敬意。最後一點是，周期表也並未意識到：圖表的本身也是個尚在演化的實體。

其實，周期表上的登記數目（也就是物質參議院的席次）曾與時俱增。以較氫和氦重的元素所組成的所有物質，如今史無前例地占有百分之一的高比例。在「大霹靂」之後的一百五十億年間，恆星不斷地透過一種稱為**核合成**的作用，將氫原子核與氦原子核（兩者分別有一個和兩個質子）融合成較重的原子，而生產出這些元素。因此，宇宙整體的「金屬豐度」（重元素含量）一直在緩慢增加，但從絕對觀點來看，數量還是非常稀少。即便是宇宙中不是氫和氦的那百分之一當中，也有著少數民族的存在：從鋰到鐵的元素（原子核內的質子數自三到二十六不等）全部加起來，比其他所有重元素（包括令人夢寐以求的銅、銀、金，其含量在地球上豐富得異乎尋常）還要豐富一萬倍。

從這個角度來看，我們這厚實的岩石行星是個高度異常的所在，相當不具宇宙代表性，連在我們的太陽系中也獨具一格。究竟是什麼樣的作用，可以從四散的星際氣雲中，搜尋出打造固態行星所需的稀有物質？矛盾的是，以原始恆星物質組合行星的作為，乃是始於澈底的混合，之後才進行有效的分類。

科學家認為，一座大型前輩恆星（其本身可能也曾擁有一個行星家族）在一個稱為**超新星**的壯觀死亡場景中的遺贈，乃是我們太陽系的開始（其他太陽系大概也是如此）。通常只有大小約為太陽六至八倍的較大恆星，才會以這種戲劇性的爆炸方式退場。此種行星在其顛峰時期，不僅有能力製造出碳和氧等輕元素（離氫和氦只有幾步之遙，我們的太陽內部也會形成氫和氦），也會製造出厚實如鐵、鎳、鉻的元素。不過，一座大恆星卻會在超新星的天鵝輓歌當中，以冶金學煙火澈底擊垮自己。持續數周、光彩奪目的爆炸所釋放的能量，是銀河這種普通星系所有恆星製造能量的一百萬倍，超新星甚至會製造出一層重元素盔甲，這些元素包括鉛、金、鈾等在地球上型塑了人類歷史的金屬。[1]新鑄元素當中有許多都是短命物種，是半衰期很短的不穩定同位素。這些同位素其實不過是常見元素（例如鋁）的變種，但它們有著非標準中子數的核子結構，卻使它們很容易產生自發性崩解或放射性衰變。這些不穩定的超新星後代本身，並不會存活而成為行星的永久部分，但卻在行星的建構中扮演了至為重要的角色。

超新星爆炸力道之強勁，使原恆星的大部分質量都以超音速彈射進入太空；震波有力到足以將碳原子叢集擠壓成微小的鑽石顆粒。地球也在從事鑽石製造業，但我們的鑽石是在行星內部深處組合而成，上方岩石要厚達一百六、七十公里，壓力才足以將普通的碳變成鑽石。換句話說，超新星是非常強大的衝擊，力道之大足以觸發新恆星的形成，而且事情若是順利，還會形成一窩年輕的行星。

我們自己的太陽系，是個超新星噴霧和較老星際物質的混合體，此種物質在受到前輩恆星猛爆死亡的震撼而開始運動之前，都在太空中作夢般地漂流。我們透過一種稱為**球粒隕石**的特別隕石群（球粒隕石是可得的太陽系原始物質中最老的一種），而對此種稱為**太陽星雲**（我認為這很適合當雞尾酒的名字）的混合物成分有了驚人的認識。地球本身並不「記得」自己歷史的這一階段，正如人對自己的胚胎期或出生也沒有記憶；但機率雖低，罕見的原始太陽星雲物質團，還是在呼嘯太空萬古之久後落入地球，而儘管機率同樣很低，卻還是有人發現了此類隕石團塊，並且認出它們不止異乎尋常，還是天外來石。

球粒隕石因其小型球狀顆粒（稱為「球粒」）而得名，其獨特的卵石結構，與其他隕石那種環環相扣的典型火成紋理非常不同。球粒隕石的球粒等成分，比行星還要老，在星雲狀的

「恆星內臟」雞尾酒都還相當均質的時期便已形成。這個推論是以下述觀察為基礎：球粒隕石中氣態元素的比例，實際上跟太陽中此類元素的比例一模一樣（後者是從對太陽光波長所做的精密量化觀察推導而得）。這兩者的吻合單純只是巧合的可能性，約與兩個無關的人卻有著相同的DNA相當。而最合理的推論為：球粒隕石和太陽都取用了同樣的混合物，而且是在此種混合物開始分離成不同成分之前便已完成採樣。一顆球粒隕石就是一片太陽，這說法一點都不誇張。

球粒隕石開始形成的時候，太陽星雲還因為超新星事件而暈頭轉向。此種氣塵混合物先是開始旋轉、變扁，然後收縮成一片碟子，位於中心的大質量隆起處，之後則會形成太陽。碟子因收縮而愈轉愈快（現在最好棄煎蛋於不顧），此一現象與牛頓所說明、表演旋轉動作的花式溜冰選手所應用的「角動量守恆」原理相一致。所有行星都在單一軌道面（黃道面）上「溜冰」（依軌道運行），而牛頓是首批將此一事實解釋為這種「原行星碟暈眩記憶」的人之一。我們觀察到，多數的行星都以其地軸為中心，依同樣的方向繞日公轉（從地球的北極來看的話，是逆時針方向），而這又更進一步支持了以下的看法：太陽系乃是形成自一種原始的渦流物質，這些物質全都循同樣的方向旋轉。

當碟心物質的量達到足以展開核融合的臨界質量，一切都隨之改觀，我們的太陽也自此取得了恆星的身分。第一次大分類隨著新恆星的燃起而展開，溫度（即與太陽之間的距離）則是其組建原則。

原先混合得很好的星雲分離成為獨特成分的方式，跟從原油中萃取分子量有別的碳氫化合物所使用的**裂解法**（分餾）相似。石油精煉過程所利用的是各種碳氫化合物（苯、煤油等）獨特的沸點；化學家在每個不同的溫度間隔上抽取蒸氣，於是便能從原先未差異化的混合物中，萃取出純粹的物質。

在早期的內太陽系精煉廠裡，溫度比今日高出許多，而唯一能在靠近太陽處冷凝的物質，是熔點極高的金屬鐵、鈣鈦氧化物、矽酸鎂等罕見的耐火元素及化合物。此一爆炸熔爐的熔渣成為水星，就在距離太陽約僅五千六百萬公里處被炙烤。而在令人焦枯的稍遠處，矽酸鎂和金屬硫化物也開始結晶，為金星、地球和火星的形成提供了原始物質。在碟子更遠方的溫暖處，較輕且易揮發的元素也能夠冷凝穩定下來，於是形成了木星、土星、天王星和海王星等氣態巨行星。最後，在太陽系嚴寒的邊疆、遠離太陽輻射之處，水、二氧化碳和甲烷可以固態形式存留，於是形成了彗星和冥王星這個冰凍的偽行星。

太陽一旦點燃，便開始以極高的效率分類祖先的元素遺產。太陽在氫氦之海中撈針，很容易就撈到金屬與岩石，和以冰的型態被隔離在太陽系邊陲的水。這種將物質分離並濃縮至天體桶中的作為，是行星（想必也是生物）得以存在的前提。光是擁有未加工的貨物並不足夠；例如要蓋一棟房子，空有一堆未分類的木材和五金器械很難行事，但組織良好的工地，則使人能夠以最靈活的方式，將元件重新組合成新的型態。太陽組織裝配其物質的速度又是多快呢？關於這一點，我們可以再度觀察球粒隕石，也就是行星建築開始時便已存在的古人。

有些球粒隕石含有溫度極高的微滴，也就是太陽燃起後不久，便在內太陽系冷凝下來的白熱物質。這些很久以前便冷卻成結晶型態的微滴裡也有礦質**鈣長石**，也就是地球和月球岩石中最常見的礦物之一。但研究知名的阿顏德球粒隕石（一九六九年二月掉落在墨西哥的奇瓦瓦）的地球化學家，卻注意到這個球粒隕石的鈣長石中有些特異之處。[2]阿顏德球粒隕石的鈣長石與地球上含有鈣、鋁、矽和氧的正常鈣長石不同，卻含有相當數量的鎂。對礦物學家來說，這就好像在節慶晚宴上，發現穿著不當的不速之客一樣。鈣長石通常都會避開鎂，因為鎂離子過於細小，無法妥適安插進整齊劃一的礦物結晶晶格座席。

阿顏德球粒隕石的鈣長石中有不受歡迎的鎂存在，意味著這鈣長石若不是在與地球（或月球）鈣長石很不一樣的規範下結晶，便是鎂喬裝成某種有進場權的元素，而溜進了晶格當中。這第二個解釋獲得兩項觀察的支持。首先，仔細檢視鈣長石便會發現，鎂總是出現在通常由鋁所占據的位置。其次，這些鎂都屬於一個特定類型的同位素，也就是鎂二六，但在別種礦物中，鎂二六多半都與較常見的鎂二四混合在一起。關於這種鎂偷渡客的解釋為：它是由一種短命的鋁同位素（鋁二六）放射性衰變而成；鋁二六在鈣長石形成之時合法進入礦物晶格，隨後就地產生了身分變化。

這情況有點像灰姑娘被施了魔法的馬車，在六點時被領進王宮大門，而在午夜時分變回南瓜。灰姑娘必須在魔法失效前進入舞會，而隕石鈣長石中存在著鎂「南瓜」，表示鋁二六原子必然在衰變成遭人唾棄的鎂之前，就已經進入了結晶。在製造出鋁二六的前太陽系超新星事件（公正的教母），與鈣長石結晶所記錄下的太陽誕生之間，總共流逝了多少時間，阿顏德球粒隕石中的鎂二六為此設下了嚴格的限制。

鋁二六這種不穩定同位素的平均餘命相當短暫，不論初始數量有多少，其中半數都會在約七十三萬年間產生衰變。放射性同位素有個概測法則：不論起始數量是多少，十次半衰之後的剩餘量都會變得非常小。若覺得這聽來難以置信，不妨試試將一張紙片對半撕，然後將撕成一半的紙片再對半撕，如此重複十遍。（由於半衰期相當短暫，今天已經沒有任何原始的鋁二六留存下來；鋁二六是冷戰期間核子實驗的副產品，在此之前都不為人所知。）有大量鋁二六在衰變成鎂二六之前進入了隕石的鈣長石結晶，此一事實表示，從超新星事件發生，到新的太陽系精煉廠熔煉出鈣長石結晶，其間只有不到十次半衰期的時間，為期可能只有數百萬年。

就地質學觀點而言，太陽系早期篇章中的這些事件，步調快得驚人。我們若能回視時光四、五百萬年，看看地球較晚近的過去，就會發現當時大陸的位置與現在差不多，動、植物也已經跟現代很接近（不過有一特定譜系的兩足猿則只生活在東非的一小塊地方）。因此，一座恆星的死亡掙扎，到另一座恆星的創生，竟只花去了同樣長的時間，實在令人大感震驚。只有退出行星行列的球粒隕石，還記得太陽系年輕時那令人目眩的日子。

建構行星的下一步，便是要將行星礫中未經化學分類的物質打掃成堆。打掃過程是一場自發且自我永續的舞蹈。依舊在原行星舞蹈場上踮著腳尖狂速旋轉、有著球粒狀顆粒的冷凝星雲物質，如今則開始彼此相黏。一旦形成叢集，這些物體的重力拉力便會吸引更多物質，製造出重力場更大的物體，如此這般地持續下去（這是個正回饋的經典範例）。星雲物質就這樣一點一滴地凝固，或許數千萬年後，礫石大小的物體便結成巨礫，最終則形成微行星，可能跟聖修伯理筆下小王子的微行星差不多大。這個行星增生的過程中，可能也發生過一些偶然的挫敗，跳碰碰舞的碎石堆不理會團體編舞，與其他的岩石團塊發生猛烈互撞，而將其組成碎片投入更為混亂的軌道裡去。

不過，重力的收拾能耐最終還是會勝過流氓岩石的破壞行為，內太陽系也成為年輕行星的安全居所，而這一切都要感謝木星的巨型重力場，有效清除了近日地區危險的太空垃圾。即使在今天，木星還是警覺地以其重力按捺住十六個衛星和數以千計的**小行星**。有些天文學家和**太空生物學家**認為，鄰近行星上若要有生物存在，木星這樣大小的星體必不可少（而且以宇宙中可用以建造岩石行星的元素之稀少，這樣的星體大概一定得是個氣態巨人），因為若是沒有這樣的星體充當重力清道夫，內行星就會不斷因撞擊而衰弱下去。

密度決定命運

在受重力主宰的行星增生過程之後，行星其實都還只是太空中的岩石堆，可能就像一九九〇年代起，透過天文望遠鏡所觀察到，以雙軌或三軌互相繞行的小行星的放大版。（此種雙星小行星當中，有個較小的成員已為國際天文聯合會命名為「小王子」。這個小行星的「母星」則以拿破崙三世之妻尤珍妮皇后命名為「尤珍妮亞」，因為據推測，聖修伯理可能是以其子尤金當作小王子的藍本。）要以一大團生岩來製造行星，需要的是高溫烘烤——其實是熔融。這種必不可少的熱能，其來源對行星科學家來說一度成謎。持續撞擊和重力聚集所產生的能量，可能提供了內行星相當可觀的熱能，但卻還不到足以使之熔化的程度。我們為此再度轉向古老而智慧的球粒隕石，以求了解那遙遠的時光。

球粒隕石中的鎂二六原子顯示，鋁二六的**放射性衰變**是發生於行星增生期間。放射性的型態變遷並不安靜，原子核重組自身的時候，會釋出高能粒子和熱。因此，行星窯爐中遺失的熱乃是來自於行星本身，亦即鋁二六等短命同位素的放射性衰變；這是我們祖先之星的臨終遺贈，也是我們自行闖路前行所需的遺產。

一旦進入熔融階段，每個行星就都能輕易地篩檢自己的遺產。最重的元件（以地球而言便是鐵和鎳）會沉入行星的液態中心，矽酸鹽岩漿則會分離並向上漂浮，就像泡沫浮在啤酒上，此種重力差異化作用於是塑造出行星的地核和地函。我們雖然無法直接從火星、金星或地球的內部採樣（真是對不起《地心探險記》的作者凡爾納了），但我們有記錄了行星發展此一階段的岩石可資類比，也就是鐵質隕石和不含球粒的石質隕石。這些火成隕石比不曾有過熔融或差異化的球粒隕石年輕，被認為是差異化和再固化之後，又與其他倒楣星體相撞而粉碎、命運多舛的微行星地核及地函的斷片。（這些隕石也被當成替代品而用來斷定地球的年齡。）石鐵質隕石或橄欖隕鐵是非常特殊的隕石，似乎逐一記錄了差異化的過程。鐵鎳合金和海綠色的結晶狀橄欖石是奇特的混血兒，他們則記錄了未能發展成熟的行星內部，金屬與矽酸鹽熔融物不盡完整的分離過程。

地球在本身的差異化過程當中，似乎也曾經歷過一次幾近致命的撞擊。目前關於月球起源的理論認為，早期的地球剛剛分化出地核和地函時，便與一座火星大小、也處在相同發展階段的行星發生了巨大的互撞，[3]導致一連串事件的發生，其複雜程度之高，連超級電腦都要跑許多小時才能模擬得出來。此一模型顯示，撞上的行星（以希臘神話中的豎琴高手奧菲斯命名）大部分都為地球所吸收，而其地函則與一部分的地球地函一起噴入太空剛好夠遠處，熔融物質於是再度聚合成一顆衛星，而沒有形成行星環。在此我們又再度看到，地球邁向行星之路的過程中，所一再發生的混合與分類。

驚人的月球誕生場景雖然無法證明，卻與月球許多謎樣的特質相一致，多數行星科學家也都認為這是當前最好的初步假說。首先，它說明了地球與月球的方塊舞步中那有點太過錯亂的角動量，也說明了月球軌道何以略微偏離黃道面（若非如此，日蝕便會每個月都發生）。其次，美國的阿波羅月球任務和前蘇聯月神月球任務帶回的月球樣本，在地球化學方面引發了令人發狂的矛盾，此一假說則解決了這些問題。樣本分析顯示，月岩在某些方面與地球上的岩石非常相像，這又以氧同位素比例為然——氧同位素是可資斷定岩石是否具有相同起源的獨特指紋。但月岩（尤其是月球玄武岩）也與同類型的地球岩石有著顯著的不同：月岩含有高度的鈦和鐵，幾乎是乾透了的岩石。這些觀察似乎推翻了早先對月球起源的所有理論：若月球是個被擄獲的行星，則其岩石與地球未免太過相像；但若是雙星或剝離地球的複製品，其岩石卻又與地球差異過大。看起來，月球反而比較像是地球物質和奧菲斯物質的混合體，既本土又異地。月球地殼完全不含水分，表示過去曾發生過兩次烘烤；熔融外地函都在地球和奧菲斯相撞之時蒸發掉了，連一滴水也沒有留給月球喝。

月球表面的坑洞顯示，月球在狂暴的創生之後，又經歷了另十億年持續不斷的大型撞擊，但這些撞擊的源頭，大概是最後一場引發重大重組的天體舞蹈。隨著超新星所產生的短命同位素終於燃盡自我，行星也都慢慢地凝固，其速率與體積成反比。水星和月球在十億年內便完全冰凍，火星則又與低溫症多相抗了十億年。地球的岩質地函也結凍了，但至今都靈活得能以固態形式，每兩億年就像非常黏稠的太妃糖那樣翻轉一次。自那太初之日以來，內太陽系系統中的行星地區裡，唯一至今仍完全處於熔融狀態下的便是地球的外地核，也就是地球的磁力發動機。

因此，早期太陽系的故事就像有著反覆合唱的芭蕾舞蹈。整體說來，它是一個分類與篩檢的故事，但每一小節之後都有一次重複的樂句，在此重複當中，在還有一部分篩選工作尚未完成之時，新的事件都就又將新物質混入熔爐當中。一開始的時候，祖先太陽系（可能是個有著行星和衛星的有序所在）隨著恆星的爆炸而變成一碗元素湯。之後新的恆星燃起，透過溫度來將這一團混亂分類，將岩質和金屬團塊都收集到內部軌道區。這些團塊推擠、互撞、聚集，而形成組成物業經分類的巨型粗石堆。這些粗石堆共同釋出放射性熱能並且熔化，使它們得以分出高密度的金屬核心，及包圍著核心的岩質地函。地球正以這個方式自我分類的時候，被一顆處在相似階段的同儕行星撞擊，兩者於是交換了物質，形成一個比較大的地球和一個小小的月球同伴，之後地球和月球又都回頭去從事差異化的工作。

行星一旦將自己分成金屬地核、岩質地函和原始地殼，此種分離作用似乎便已不可逆轉。這些分層的命運，已為其密度所決定。具浮力的上地殼如今怎麼可能再被引發，而與階系中較低的階層產生互動？有趣的是，愈來愈多的證據顯示，地球無與倫比的穩定性與溫和性，正是地球的內部與外部始終有所交流所致。而在所有這些交易當中，水都以特使、外交官、承運人或教唆者的身分牽涉其間。

水流何方

地球跟最近的鄰居（金星和火星）雖然都以相同的金屬和岩石遺產起家，這三個行星的發展史，卻在生成之後不久便分道揚鑣。火星體積小，因此先天不良，這首先是因為它熱散失的速率較快，其次則是因為它的重力不足以維持一層大氣。金星的體積雖與地球相近，卻從未發展出什麼方法，來彌補距離太陽過近的問題，其溫度管理問題遂成了一種慢性疾病。只有地球發展出自我維持的習慣，因此能夠長保年輕與新鮮的外型。水是地球美容的祕方，而且是很多很多的水。但這些水是從哪裡來的？難道金星和火星就沒有水嗎？

金星、地球和火星都太過接近燃燒的新太陽，因此在太陽星雲冷凝出物質的時候，任何型態的純水都無法穩定存在。不過，這三個行星大概也都真的在此一時期，自防熱保險庫般的礦物中獲得水分，這些礦物便是稱為**角閃石**（amphiboles）的含水**矽酸鹽**礦物。角閃石是個顯赫的大型礦物家族，成員包括普通角閃石（hornblende，一種花崗岩的原始成分）、軟玉（通稱為玉石的岩石組成物之一），以及一對黑色綿羊（兩種不同的石棉）。角閃石的結晶晶格呈瘦長棒狀結構，這是角閃石獨特的家族特徵，水則以氫氧離子（OH^-）的型態存在於晶格當中，將矽、氧、鎂、鈣等構成多數成岩礦物的元素黏合起來。稱為透閃石的那種角閃石（可能呈石棉那惡名昭彰的針狀外形）化學分子式為 $Ca_2Mg_5Si_8O_{22}(HO)_2$，此種組成意指每八個矽原子便有一個水分子（Si代表矽，百分之九十五的地球岩石都以矽為基本成分）。雖然角閃石只占了內太陽系冷凝星雲物質的一小部分，卻提供了地球、火星、甚至金星相當數量的自然水，只不過這些水是被鎖在結晶保險箱裡面。角閃石在地表下約九十六公里處通常就會解體，因此熱和溫度便是釋放這些水的關鍵。在此種情況下，之前被監禁的水就會從礦物鍵結中釋出，最終則可能從火山導管以蒸氣的型態逃逸到地表。因此，早期地球（及金星和火星）上可能有一些土生土長的水，它們翻騰出岩漿之海，並從覆蓋了新行星表面的火山噴發而出。

但不知怎麼搞地，地球所獲得的水，卻遠比地球內部「除氣作用」所產生的水還多（火星可能也是如此）。有些水必然是從外地進口而來，而最可能的供應者，便是遠離太陽系冰凍外緣的家鄉、長久旅居外地的彗星。多數彗星都有著非常古怪並呈橢圓形的軌道，而隨著時間經過，有些彗星便無法抵擋行星重力的魅力，而踏上了前往內太陽系的單程之旅。（舒馬克列維彗星的命運便是如此，它在一九九四年一場壯觀的天體混合中，被無情地吸入木星。）[4] 儘管聽來難以置信，但地球上約有半數的水都是這麼來的，不過地球化學家之間尚在爭論進口水與本土水的比例。[5]

不論地球上的水是何起源，所有地表和地下的地質作用都與水有關。水對生命的重要性至為明顯；事實上，水也被認為是外星生物存在必不可少的要件。但水在固態地球的運作上也扮演著同樣深刻的角色，甚至還更為驚人。水在地下管道通常以破壞份子的身分起作用，以對地球板塊構造系統產生劇烈影響（甚至界定此一系統）的方式，改變了岩石的物理和化學特性。

比方說，大陸地殼（地球所獨有、具有浮力的花崗岩蒸餾液）的生成便直接歸因於水。今日的大陸地殼形成於海洋地殼的回收中心，也就是較為耳熟能詳的「隱沒帶」。很久以前形成的中洋火山脊古老的水飽和海床，變得冷密到足以沉回地函時，此種隱沒帶就出現了。此種海洋地殼石板緩慢下降進入地球內部，其下降角度視石板的年齡及其與四周地函的密度差而定，在十到四十五度之間不等（年輕、溫暖、具有浮力的石板，便不可能以很陡的角度進入地函）。今天，隱沒作用發生於南美洲外海、印尼群島與菲律賓群島側翼的深海海溝，以及幾乎全世界所有最危險地區的鄰近海域當中。

隱沒石板禁受愈來愈高的溫度和壓力之時，也將水從角閃石和黏土等含水礦物中釋出（這些礦物是水與地表火成礦物互動而形成的）。這種水是**助熔劑**，就像煉鋼時加到鐵裡的碳一樣，會降低上方固態地函岩塊的熔點。這種低溫岩漿的成分，與產生它的主體地函岩石非常不同，這是因為分熔作用會製造出一種元素濃度相當高的液體，而這些元素又急著想要逃出生成自己的結晶。地質學家稱這些元素為**不相容元素**，它們通常有著較大的離子，所偏好的空間比礦物晶格的僵硬結構所能提供的更大。不相容元素剛好包括鉀、釽和鈾在內，全都是放射性元素，因此大陸地殼不僅在主體成分上與其始祖地函不同，從放射線的角度而言，也比地函要熱。在地球這個以太陽系中的罕見物質所組成的行星上，大陸地殼可謂是以更罕見的物質所組成，其他行星都不曾產生過這種濃縮液。將地表水再混回行星內部，便是地球收集這些相對罕見元素的祕訣。

調酒與比喻

讓我們設想一下「混合」。我一向很喜歡攪拌器上同義詞詞典般的動詞列表：攪動、揉捏、切碎、絞碎、絞爛、打汁、攪打。這些動詞體現了一些關於混合的基本物理事實。首先，固態元件必須先化約成小的粒子，才能與其他物質有效混合。碾磨不僅在細微的層次上製造出較為均質的混合物，也能夠提供較大的表面積，讓粒子與周圍的介質互動（因為小物體有較高的表面積體積比）。其次，混合的重點在於運動，使系統中的每個部分至少都與其他部分產生短暫的接觸。高速的無序運動（即流體機械學專家所稱的渦流）比有序運動（流線運動）更有可能產生完全的混合。詹姆士．龐德喜歡馬丁尼用搖的而不要用攪的，或許就是這個原因。

地球並沒有已經預設好的攪拌速度按鈕，那它又怎麼進行混合呢？唯有一股物質流從一地前往另一地時，混合才會發生，流的出現是對「不均等」的回應，也就是回應物理變量值的梯度或空間差異。我們可以將流設想成總是劫富濟貧的羅賓漢作用。這便是地下水流的達西定律與血液循環的泊肅葉規則的精義（參見第三章）。地下水流、岩漿流和血液流，都是對壓力差異的回應。地表水會往低處流，以彌補高度的差異（位能），熱的流動則會使溫度均一化。

擴散作用是最緩慢的一種地質作用，乃特定元素基於濃度差異，從一地運動至另一地而產生。在擴散流中，原子因應濃度的變化，透過一種「不動介質」而運動。這可能是個非常緩慢艱困的過程，介質是結晶晶格時尤其如此；就好像要在沒有大砍刀的情況下，穿越非常濃密的叢林一般。溫度高的時候，此種岩石中的固態擴散作用進行得比較快，但就算是在效能最高的情況下，擴散作用使原子移動的速率，也不可能快過每年五十分之一公分。液體中的擴散作用就快得多（比較像是散步穿過一片溫帶森林），氣體中的擴散則相當有效率（有如大步通行一片整理得很好的草坪）。**傳導作用**是熱能透過靜態介質，自高溫處往低溫處移動的作用（有如元素自火爐進入冷的平底煎鍋），其間的熱流也是一種擴散作用。岩石中的熱傳導非常緩慢，因為岩石的導熱性是出了名地差。

不過在許多地質場景中，透過介質「漫步」（擴散）並非唯一的運輸選項。有時原子和熱也可以跳上運動介質的便車，於是便能旅行較長的距離。這稱為**平流**，水通常是此種大眾運輸載具。溶解於移動地下水中的離子每年可以移動數十公尺，在地表水中則每年可移動數百公里，比透過乾岩石而擴散的離子乘客快得多了。

在較長的時間尺度上，岩石本身也成了平流的載具。地球的固態地函是個穩定但慢得不可思議的攪拌器，以一種稱為「熱對流」的特殊平流型態來翻轉自身，而熱對流也是板塊構造的驅動力。**對流作用**就跟傳導作用一樣起因於溫度差異，不過比較沒那麼間接。對流需要顯著的垂直溫度梯度，冷的物質要在熱物質的上方。就跟熔岩燈的情況一樣，地函岩石是自下方受熱（不是被燈泡加熱，而是被地核中的原始熱能和地函自身的放射性熱能所加熱）。對流的關鍵要素便是與溫度有關的體積變化，亦即受熱時擴張，冷卻時收縮。（熔岩燈裡的染蠟，熱擴張的程度顯然比清油要大。）由於較冷上層的密度比下方物質要高，這就造成了浮力的不穩定；上端會下沉，底部會上升，整個系統就開始攪拌自己，而此一系統上方的板塊，則以每年數公分的速率移動（剛好跟指甲生長的速率差不多）。

地球內部只有在物理變量發生偶然組合時，才會出現對流翻轉現象。若岩石的熱導性較佳，所需的溫度差異會被抑制，此種攪拌就絕無可能發生。若岩石受熱時沒有顯著的擴張，驅動對流的密度不穩定也就不會發生。若地球地函岩石的黏度更高許多，整個系統就會磨光而停頓下來。最後，如果地球的放射性元素較少，或這些元素的半衰期更短，行星熔岩燈的燈泡也會在很久以前就燒掉了。但地球的地函始終都還在繼續翻攪。

地函之力*

地函中對流翻轉的速率，可自尚存的最老海洋地殼（此一循環系統的上眼瞼）年齡估算而得。大陸地殼具有浮力，不管是何溫度，密度都比地函岩石要低；海洋地殼則與此不同，會隨著年齡的增長而變冷變硬，直至冷硬到足以透過隱沒作用而沉回來源地函當中。在地球目前的溫度條件下，海洋地殼的浮力約在一億七千萬歲時達到負值（此為現存最老海洋地殼的年齡，位於太平洋的西北角上）。換句話說，海洋地殼年輕早夭，但卻不斷輪迴轉世。

若在地質時間上回推此一翻轉速率，則自地球形成以來，海底顯然至少已經更新過二十四次了。不過，地球較年輕也較熱的時候，對流的腳步可能比較快，海底換臉的次數可能也較為頻繁。但這卻會導致一個難題：若真如多數地球科學家所想的，以前的對流比較快的話，那麼海洋地殼到達隱沒帶的平均年齡就會比較低，於是便會太熱，浮力也太大，而無法為地函所吸收。這表示早期地球上可能並沒有真正的**板塊構造運動**——真正的板塊構造運動有著僵硬的地殼石板，海洋地殼會經隱沒作用有效循環，低溫熔融則在水的協助之下發生。[6]唯有在地球已達一定的熱成熟度時，板塊構造運動才會展開，而這約出現於二十五億年前（約在太古元終了、原生元開始之時）。在此之前，地球攪拌器的設定（以及地表水被攪回內部的程度）大概

＊譯注：原標題為 the mantle of power，即「權力的斗篷」，亦即地球的地函（mantle），可謂是地球的權力掌控者。

與現在不同。關於這一點，我們可以察看形成於此一遙遠時代的岩石（地球童年及少年時期的紀錄）來尋找線索。

多數大陸的內陸地區（包括北美廣大的加拿大地盾在內）都可見的太古元岩石結構顯示，地球年輕的時候，地表上普遍存在著一種棉花糖式的構造。有兩種岩石集合物具有這些太古元結構的特徵。第一種通常比較老，是變形得引人側目、高度變質的**片麻岩**，有著印象畫風的渦紋，和深色與淺色礦物所形成的條斑。此種岩石表示，曾有多次受困於謎樣的構造劇變的火成入侵，也就是太古陸塊的互撞。此種岩石群囊括了地球上最老的岩石：位於加拿大西北地方的大奴湖區、已有四十億歲、受人敬重的阿卡斯塔片麻岩，以及格陵蘭西部精巧暴露出來的伊蘇娃結構（約三十八億歲，格陵蘭的岩石稍微年輕一點）。然後還有花崗綠岩帶，是由大陸型岩石（花崗岩）及海洋地殼（**綠岩**）所組成的雙色調火成結構。綠岩是略微變質的玄武岩，其型態和顏色都反映出，即便是在早期地球上，水也已經普遍存在。這些玄武岩通常都呈球根狀，稱為「枕頭」，這表示熔岩是在水下噴出，像自製蠟燭一樣在類球體團中熄滅。綠岩那青綠的色調來自含水的氯酸鹽礦物，這顯示岩石是在已固化之後，才因接觸到受熱的地下水而變質。

加拿大地盾包括一部分的西北地方、曼尼托巴省、安大略省、魁北克省、上密西根半島，以及美國明尼蘇達州的美加界線水域地區，其地質地圖是一幅輪廓鮮明的條狀帆布畫，東北東走向的片麻岩帶，與凸透鏡狀的花崗綠岩帶，交替出現於其上。這些區域性條帶的排列顯示，岩石單元是被水平力量所擠壓，有點像是把馬克杯裡的拿鐵泡泡都集中到一邊時會形成的條帶丘。雖然這些條紋顯示太古元曾有相當的構造群擠，這些古老的岩石結構看來卻與現代型山岳帶和隱沒帶的侵蝕根部並不相像。摺衝斷層帶（如加拿大的洛磯山脈）顯示，在摺皺的分層岩石之下曾存在著僵硬的地殼，但太古元構造區則缺少此種薄皮的摺衝斷層帶：沒有稱為藍片岩的高壓變質岩石（參見第二章），也沒有玄武岩被向下擠入地函時所形成、帶有石榴石的高密度**榴輝岩**。

然後，約在二十五億年前，地球地殼的熱與機械特性顯然發生了一項重大變化。此種變化的證據之一便是辛巴威大岩脈，這是一個裡面充滿了岩漿、約四百八十公里長、數公里寬的巨大裂隙，比整個中非地殼的厚度還深。矛盾的是，這個巨大裂縫的存在表示，當時的地殼相當堅硬——亦即地殼已冷卻到一個程度，於是就跟所有易碎物質一樣，失效斷裂成一個碩大的裂縫。填充裂縫並形成岩脈的玄武岩透露了它的年紀——二十五億年。因此，這道岩脈被視為一只金色的道釘，標示了太古元與原生元之間的過渡時期。就在大岩脈形成後不久，第一道現代山岳帶出現了（加拿大西北地方的沃麥**造山帶**），第一批確定與隱沒有關的岩石（坦尚尼亞的榴輝岩結構）也出現在岩石紀錄當中。[7]

如此看來，地球在沸騰的太古元童年之後，便安於原生元時期較具方法性的構造習慣，此後也一直保持著這些習慣。但這當中還有進一步的矛盾：有愈來愈多的證據顯示，近現代的大陸地殼並非只倖存於暴露出來的太古元結構中，其實早在三十億年前甚或更早以前便已存在，遠在現代型板塊構造可能出現之前。[8]首先，在澳洲西部太古元沙岩中發現的古老鋯石結晶，是保存下來的最古地球本土物質，一般認為它起源於花崗岩物質，這表示早在四十四億年之前便已有一些大陸地殼存在了。[9]其次，間接但更具說服力的證據顯示，在地球歷史的早期已有大量的大陸地殼形成。證據來自於太古元綠岩帶的罕見物質，那是一種稱為科瑪蒂岩的高鎂火山岩（此種岩石是在史瓦濟蘭的科瑪蒂首度被描述出來，因此以該地命名）。這類岩石通常都有著長形針狀的結晶，是冷卻不足的液體迅速結晶而成（設想一下水蒸氣與冰冷的窗玻璃接觸，所形成的細長絲狀冰晶）。此種結晶賦予科瑪蒂岩一種獨特的紋理，以生長於史瓦濟蘭大草原上的一種高草命名，稱為**濱刺**。

科瑪蒂岩是一種「已滅絕」的岩石類型，現代地球上已不再產生此種岩石（保存下來的科瑪蒂岩年紀約在三十億至三十六億歲不等）。在攝氏一千六百度的結晶溫度之下，今日有著此種成分的岩漿，會在以火山熔岩的型態到達地表之前便行固化。因此，科瑪蒂岩支持地球年輕時，上地函及地殼溫度較今日高出許多的推論。科瑪蒂岩中的微量元素，也透露了太古元地函的其他事實。考慮到年代之古老，我們可能會認為，科瑪蒂熔融物是來自不相容微量元素（即一有可能便逃逸至熔融物中的較大離子，因此它們總是集中出現於大陸地殼中）尚未明顯耗盡的「原始」地函。但在科瑪蒂岩中，多數不相容元素的量卻低得驚人，這表示科瑪蒂岩生成之時，上地函中此類元素已被消耗得差不多了。這又再度暗示著，相當大量的大陸地殼或大陸地殼的原始型態，約在三十億年前便已存在。

此一推論令人疑惑之處在於：（一）第一片大陸地殼顯然是由與今日的隱沒法不同的作用所創造；（二）地質時間上，大陸地殼生成與毀滅的速率彼此相當，但大陸地殼的浮力卻又過高，無法透過隱沒作用而循環。換一種方式來說：太古元怎麼能生成這麼多的大陸地殼？自那時起又怎會有那麼多大陸地殼毀滅？這兩個問題有一部分的答案就在水身上。

隱沒作用是現代地球內外部互動的主要方式。今天，隱沒作用所牽涉的，是古老海洋地殼在四、五十公里至一百多公里不等深處的脫水作用，深度則視下降石板的溫度（因此也視年齡）而定。釋出海洋地殼自地表取得的水分，會導致**弧岩漿**（即未來的大陸地殼）的生成。玄武岩石板本身於是轉化成密度較高的榴輝岩，是一種有著亮綠色輝石和深紅色石榴石的聖誕式組合。榴輝岩的高密度有助於將更多海洋石板推入地函。若此事並未發生，海洋石板就會在地函淺處變得具有中性浮力，下降速度也就不會那麼快——也就是說，地球上的構造腳步，有一部分是由玄武岩海洋地殼變質轉化成榴輝岩的速率所決定。

榴輝岩的形成雖與榨出隱沒玄武岩中的水分有關，但脫水作用過於澈底的話，榴輝岩變質轉換卻會變得非常緩慢，或者，會在石板到達榴輝岩礦物可形成的臨界深度之前就行變質。這是因為變質作用必須將舊有結晶結構中的原子重新排列，有點像是在一座繁忙的機場中，將人從一個航廈移往另一個航廈。接駁巴士是最快、最可靠的運輸方式，但若是巴士不開的話，旅客就得跋涉過長廊和天橋的迷宮，可能太晚才到達登機門。就算只有少量的水存留在隱沒石板當中，也能讓原子以溶解的型態被運往（平流到）新地點，榴輝岩變質作用便能夠有效達成。而在另一方面，若是隱沒的玄武岩在轉化成榴輝岩之前便行受熱脫水，所有原子就得「步行」（擴散）到新的結晶位置去。此一過程之緩慢，就算岩石處於榴輝岩形成深度數百萬年之久，也不會有任何榴輝岩產生。[10]因此，玄武岩要轉換成榴輝岩，需要的是先前海洋地殼沉入地函之時，石板中有剛好足量的水。

太古元時期的地函和地殼比較熱，能夠進入地函的地表水比較少。位於對流較旺盛地函上方的「棉花糖」構造，會製造出增厚的玄武岩地殼區，而這些為構造所掩埋的地殼中，有些會在有水的狀態下熱到足以局部熔化，一般認為此種熔化的地殼，便是太古元**地盾**地區量大得驚人的花崗岩的來源。太古元花崗岩與現代隱沒生成的岩漿不同，其化學特徵顯示，它們是含水玄武岩在此種增厚地殼基部熔化而成，與地函物質無關。局部熔融有效地自岩石中抽取出水分，因此剩餘的下地殼就會嚴重脫水，即使已處於榴輝岩可以生成的深度，也因為過度烘乾而無法再結晶成榴輝岩。此種「未榴輝岩化」的乾燥地殼會變得非常堅硬，且浮力過大而無法沉入地函，可能便形成了第一批真正板塊的基底。若要下行海洋地殼足夠涼爽，以便在榴輝岩形成深度保存其水分，太古元原生元過渡期上地函的溫度，就得再低個數百度。一旦達到這些條件，可有效生產榴輝岩、且能自有水回補的（water-recharged）地函產生島弧岩漿的現代構造運動，才終於能夠展開。在某種意義上而言，板塊構造運動需要的，是較熱的年輕地球上所不可能具有的水圈與地球內部更深層的連結。

廢棄物管理

因此，前板塊構造的太古元時期，顯然已有大量的大陸地殼，因熔融而自依舊含水的下地殼生成，而非生成自有水回補的地函。若是大陸地殼無法隱沒（喜馬拉雅山脈便說明了大陸地殼的浮力如何堅拒被推擠回地函內），那麼大陸地殼的數量，卻又為何沒有隨著時間而穩定成長呢？地球為何能夠擺脫大量的大陸地殼？答案在於……雨滴。

地球最重要的特徵之一，便是內部（構造）作用與外部（氣候）作用的速率近乎平衡。侵蝕作用拆解山岳帶的速率，就跟山岳帶生長的速率差不多。這是個幸運的巧合，可能也是使一座行星保持均勻平整最重要的一項巧合，但並非所有行星都得享侵蝕作用的調節效果。火星上巨大的火山便是明證；這些火山就好像腦垂體失調的人一樣，因熔岩流的堆積而不受控制地生長，什麼也阻止不了火山達到巨大的高度。而地球上的生長卻有其限制，主要是受到流水的控制。任何山脈都無法免於侵蝕，最陡的坡也受制於最猛烈的攻擊。[11]

但光是侵蝕山岳帶還不足以將大陸地殼自地表除去。多數沉積物都會在低窪的盆地和**大陸棚**（淺水下的大陸邊緣）中堆積。陸棚雖然位於海平面下，在地質上說來依舊是大陸的一部分（花崗岩質、有浮力）而非海洋的一部分。多數世界各地的經典沉積物層序（美國大峽谷的地層、印地安那州的石灰岩、義大利阿爾卑斯山的白雲岩、波斯灣地區飽含石油的岩床等），都是在大陸地殼上堆積起來的沉積物。這些沉積物都是在全球海平面高到足以淹沒大陸心臟地區低地的時期（連威斯康辛州都曾一度有過熱帶珊瑚礁），於大陸棚或內陸盆地堆積而成。大陸互撞（例如阿帕拉契谷地與山脊的摺皺地層；聖母峰頂的海洋石灰岩）之時，大陸棚的沉積層序首當其衝，但只要是位於大陸地殼的頂端，沉積岩便不至隱沒。將起源於大陸的沉積物送回地函的唯一辦法，就是將之遠遠帶入海中，讓它搭上海洋特快車而隨著隱沒石板下行。

把大陸沉積物弄到海底去看來很困難。大河入海之後便會失去重力能量和攜帶粒子的能力，於是放棄自上游蒐集來的沉積物紀念品。這些碎屑多半落在河流出海口而形成**三角洲**，但世界上某些大河系統（如發源於喜馬拉雅山脈高處的印度河和恆河）所搬運的沉積物之多，其中泰半過於細小而無法在近岸處沉澱，海底沖積扇因此擴張達一、兩百公里。

地震也有助於將沉積物自大陸棚抖落入深海。地震所引發的山崩，會製造出一種獨特的沉積物，稱為**濁流岩**，這是以形成此類沉積的渦流水沉降泥漿而命名。大量暴露出來的此類岩石，通常都呈強固的摺疊，且至早在十九世紀中葉，世界各地山岳帶中的此種岩石，便已被測繪描述出來，又以阿爾卑斯山脈、阿帕拉契山脈和英國的加里東山脈為最。這些地層過去被稱為雜砂岩（如今有時依然如此稱呼），或依其瑞士名稱而稱為**複理岩**，雖然年齡不一，但各地的相似度卻高得驚人，全都以數公分至數公尺的規模均勻鑲嵌在岩床上。每片岩床都始於粗粒物質（砂礫或沙），愈向上愈細緻，這表示一開始存在著急速的水流，之後則出現了靜水環境。有些岩床頂端出現了局部侵蝕或截平現象，這是後繼岩床沉積時產生強力洗擦的證據。最驚人的是，這些層序包含了成百上千個這類地層，總厚度約達兩公里半，甚至還更厚。最後，複理岩多半見於大幅變形的山岳帶內部。數十年來，複理岩都對地質學家的均變式思維模式構成挑戰，因為已知的作用中，並沒有哪一種能夠製造出這麼厚又獨特的地層層序。

答案於一九二九年意外現身。當時紐芬蘭海岸外的大瀨（Grand Banks）發生了一場不尋常的地震，大西洋海底電纜隨即中斷，淺水區與深水區皆然。以纜線中斷的時間為基準來計算，則不論是什麼東西將它們截斷，運動速率必高達每小時七十多公里。[12]這使大家開始認識到，濁度流（強而有力、受密度驅動的沉積泥漿）是將起源於大陸的沉積物運往海底的重要載具。據估計，大瀨地震所搬運的沉積物，體積約為九十八立方公里（比自紐約世貿中心移除的碎石體積還要多十萬倍）。大量沉積物傾覆而下大瀨海底峽谷，到達深海海底，估計散布面積約十萬多平方公里（約為美國佛蒙特州的四倍大）。

阿爾卑斯山、阿帕拉契山等山岳帶，顯然是數百起乃至數千起此類事件所遺留的沉降物。較晚近的研究顯示，有些濁流岩層的厚度所具有的尺度率，與描述地震的古騰堡芮氏碎形關係（參見第三章）相似，這與其因地震觸發而生成相一致（也表示濁流岩可以就特定地區提供古地震的資訊）。[13]

一九二九年地震過後還要再過半個世紀，地球的板塊構造系統才為人所知，當時濁流岩對地球地殼長期循環系統的重要性才獲得了解。阿爾卑斯山與阿帕拉契山（及其他所有地質學家得以一窺）的濁流岩，雖然逃過了隱沒作用，多數的濁度流沉降物，大概還是搭著海底輸送裝置而回到地函裡去了。地質學家對於每年有多少大陸起源物質隱沒雖有歧見，但其數量必然很大已漸成共識。地質學家揣測，這些物質的量，大概跟島弧（如日本、印尼、菲律賓）和陸弧（如安地斯山脈、喀斯喀山脈）地區與隱沒作用有關的噴發型火山岩漿，所產生的新大陸地殼相當。[14]

弧岩漿以**宇宙同位素**的型態提供了陸源沉積物以驚人速率循環的證據。這些特殊的同位素就跟醫療檢測中所使用的顯跡同位素很像，有著已知的來源，且能照亮無法直接觸及的地區。地球自太初超新星事件所繼承的同位素，會隨著時間經過而穩定消失，宇宙同位素則與此不同，是一種可再生的資源。地球最外層大氣中的碳、氮、氧原子被高能宇宙射線轟炸之時，它們便在大氣中不斷再生。此類碰撞會產生一些短命的放射性同位素，這包括碳十四（^{14}C）在內，因半衰期略低於六千年而成為有用的考古定年工具。

其他宇宙同位素的半衰期較長，因此也比較適合用於地質調查。鈹十（^{10}Be）是此類同位素的一種，有些（就跟碳十四一樣）可以找到進入下大氣層的方法。它們自下大氣層「下雨」到地面上，再進入海洋，並在海中黏在陸源黏土粒子的表面。這些黏土有些最終到達了海底，隨著下方的海洋地殼一併隱沒。鈹十的半衰期約為十六億年，因此十六億年後就不會再有鈹十存留下來。驚人的是，西太平洋的島弧火山（包括菲律賓的品那土波火山）噴發物中，卻有相當大量的鈹十存在，這表示不只有大量的大陸物質進入地函，這些物質中的某些成分，還以驚人的效率又再重返地表。[15]

若我們後退一點，以地球的「全天候」節奏（數十億年）來觀察整個地球，我們便會看到一座不斷重複混合與分類循環的行星，而這些循環正是此一行星生成的特徵。地球不斷以速率有別的兩種不同作用，自內部蒸餾出兩種地殼，從而使兩種地殼的比例也近乎維持恆定。組建和循環作用的每個部分，都與水有著精巧的關聯，大部分也都以水為動力。大陸地殼因受水驅動的侵蝕作用而毀滅，最終為地函添加了燃料，以備製造下一輪的海洋地殼。這個系統之有效、永續、強健和優雅，足以在工業設計競賽中贏得最高榮譽。

暈海

地球的大氣與海洋也有同樣的美感，循環主題俯拾皆是。對流混合在空氣與水系統中格外重要，是將高緯度水與低緯度水，和淺水與深水間無可避免的差異，降到最低的方法。固態土地中的對流緩慢而穩定，自地球形成以來便不曾間斷，空氣和水的表面循環則與此不同，而較為易變。地球的空氣和水很容易大發脾氣，使這行星的天氣出了名地難以預測（若是沒了天氣，人類的交談至少會減少一半）。但就算沒辦法準確預測明天的天氣，我們還是對季節有把握，可以猜得出明年六月的天氣。也就是說，地球的大氣圈和水圈揮發易變性雖高（字面上和比喻上皆然），在較長的時間尺度上，大體而言卻並非無常善變。洋流年復一年折返同樣的路徑，大氣循環也依表定時間而發生。單就地球加熱與通風系統的規模而言，每日和季節性的波動便顯得緩和無力。不過，這些系統過去似乎曾發生過幾次災難性的崩潰，每一次不尋常條件的組合，都受到海洋與大氣混合的干擾，地球的氣候遂變得極度不穩定。

多數很冷，少數結凍

有一樁此類事件發生於距今七億五千萬至六億年前，非常接近前寒武紀漫長時代的尾聲，正在現代動物譜系出現之前，也就是比科幻小說還要離奇的「雪團地球」時期。[16]世界各地少數地區（多半的確不宜人居，如北極圈內的挪威、澳洲內陸、美國的死亡谷、非洲的那米比亞沙漠等）的沉積層序，向我們透露了原生元末期地球氣候所發生的舛錯。首先，所有這個年齡的岩石暴露出來的地點，幾乎都可以找到**陸源泥礫岩**，這是一種未經組織的沉積岩，含有兩種大小截然不同的顆粒，顯示這是滿載岩質碎屑的冰河或冰山沉積物。陸源泥礫岩總是很有趣，但它們也同樣見於地質紀錄中的其他地方。這些特定的冰河沉積物之所以特殊，是因為其古磁特徵顯示，它們是在緯度相當低的地區沉降而成。換句話說，當時冰不止存在於極地和高緯地區，也存在於**海平面或赤道附近**。

低緯地區有冰存在令人深感困擾，但許多地方的陸源泥礫岩上方，還出現了兩種更奇怪的岩石，也就是通常形成於溫暖熱帶海洋中的碳酸鹽岩（石灰岩和白雲岩），以及**帶狀鐵礦構造**，這是一種化學沉降而成的岩石，就像科瑪蒂岩一樣，在陸源泥礫岩沉積之時已「滅絕」很久了。

世界上多數富含鐵礦的沉積岩（或帶狀鐵礦構造）都沉降於原生元早期（約距今二十五至二十億年前），正是地球大氣產生關鍵變化的時候。約二十億年前，大氣中的自由氧氣很少，大量的鐵於是可以溶解在海洋當中，就像今日的鈣和鈉以離子型態存在於海水中一樣。但鐵氧化之後就變得高度不可溶，很快以固體型態自水中沉降出來，而形成富含鐵的沉積層。原生元早期極厚的帶狀鐵礦構造包括明尼蘇達州北部和上密西根半島（這裡在整個二十世紀都是美國鋼鐵工業的基礎），一般認為這是行光合作用的微生物開始掌控地球大氣時，由**還原作用**過渡到**氧化作用**的紀錄。之前所有的溶鐵一旦全都脫離了海洋，鐵礦構造就不再沉積。到了低緯度的陸源泥礫岩開始堆積的時候，距離上一次主要的鐵礦構造沉積又已過了十億年。因此，這種據信已然中斷的岩石類型又突然出現，便需要有個解釋。

但雪團地球假說不僅要說明陸源泥礫岩和鐵礦構造，也要說明它們奇怪的沉積岩床夥伴，亦即總是出現在冰河沉積物上方的「帽子」碳酸鹽岩。此一假說認為，這些石灰岩記錄下悶熱的全球性熱潮，之後極端的冰河時期便接踵而來。[17]若非此理論的主要倡議者都是受人敬重的地質學家，這種顯然不符合均變說的場景必然賣相很差。但此一理論的作者（包括加州理工學院的克什文、加拿大地質調查局的霍夫曼、哈佛大學的施哈克）可不是無能之輩，而這個故事又可以說明原生元晚期岩石紀錄中許多令人大傷腦筋的例外情況，也使為數眾多的地質學家願意認真看待這則故事。

嚴格版的雪團地球故事認為，當時整個地球，包括海洋在內，都為冰所覆蓋。此種安排使得大氣和海洋無法透過蒸散、降水和風所驅動的湍流而互動。在正常情況下，海洋的上部和大氣是個混合得很好的系統，淺海因此富含氧，可以支持興盛的微生物聚落。原生元晚期再度出現的帶狀鐵礦構造顯示，當時的海洋不知怎麼地被剝奪了氧，因此一度使鐵得以溶在水中。唯一能夠剝奪海洋氧氣的方法，便是將海洋封起來不接觸到大氣，而一層海冰便能夠良好地達成此一任務。富含鐵的地層本身，便是在冰層融化、海洋與大氣的氧重啟對話之時沉積而成。

但地球完全被冰所包覆的說法頗有問題。這個想法最早是由俄國氣候模型家布迪科所提出，他於一九六〇年代得知，北極施瓦爾巴群島上有著大量的陸源泥礫岩。（長久以來，挪威和俄國都宣稱施瓦爾巴是其固有領土，我個人則有點覺得那是我的私有財產，因為我的博士論文有一部分就是在研究這些岩石。）

布迪科針對冰帽不受抑制成長，所導致的全球反照率（反射力）增加，發展出一個簡單的量化模型。此一模型顯示，冰層的成長與強烈的負回饋有關——雪和冰愈多，反照率就愈高，溫度就愈冷，就會再下更多的雪。冰河一旦抵達熱帶緯度，就再也不能回頭，地球會被鎖入無法回復的嚴凍當中。[18]布迪科因此拒絕接受對施瓦爾巴陸源泥礫岩的揣測，不認為此種上下都由熱帶地區似的碳酸鹽所包夾的岩層，會是低緯度的沉降物。

一九九〇年代初期，克什文提出古磁證據，指出原生元晚期陸源泥礫岩確實生成於靠近赤道的緯度時，布迪科的模型還存留在懷疑者心中。克什文本人曾一度推測，當時的地軸翻動而躺在自己的側面上，以前的兩極接受到最大日照，赤道地區則突然變得寒冷陰暗。[19]這個想法很快就為人所遺忘，但問題依然存在：地球是怎麼從極度的冰河時期脫身的呢？

要暖化體溫過低的行星，最好的方法就是給它蓋上一條溫室氣體的毛毯。霍夫曼和施哈克對雪團故事所做的主要貢獻便是指出：就算水圈、大氣圈和生物圈的大部分都被鎖入低溫休眠狀態，火山還是很有可能保持清醒。由於生物圈消耗火山噴出氣體的活力大幅降低，二氧化碳濃度便可能攀升到極端的高值（霍夫曼曾推測，當時的二氧化碳濃度可能高達百萬分之十二萬，甚至比今日化石燃料所增加的濃度還要高三百倍）。此一二氧化碳積高的過程可能耗時十億年，不過地球最後還是擺脫了嚴寒，但這也不過就是屈服於一場超級溫室熱病而已。大氣中巨量的二氧化碳會製造出猛烈的酸雨（在正常情況下，即使無汙染的雨水也略呈酸性，因為溶解於其中的二氧化碳會製造出微弱的碳酸）。酸雨會在冰河新退的大陸上，加速岩石的化學風化作用，將大量的鈣和其他鹽類送入海洋。陸源泥礫岩上方的碳酸鈣岩帽所記錄下的，可能就是這些溶解離子遇到冒著二氧化碳泡泡的海水，所產生的快速沉降作用。

甚至於霍夫曼和施哈克所提出的極端二氧化碳濃度，是否足以讓地球從冰冷藍調脫身，懷疑者還是存疑。[20]古生物學家也質疑生物圈是否捱得過十億年的冰河期，而且這期間連海洋都幾乎沒有生物。（霍夫曼和施哈克認為，海底火山是使微生物生命型態不致在此全球性長冬中消亡的方舟。）

但另外還有一種更快的方法，可以將溫室氣體打入大氣，那便是巨量貯藏甲烷的「去穩定化」，用粗魯一點的話來說就是「行星打嗝」。有愈來愈多證據支持這種消化不良的場景，亦即有非常大量由生物所製造的甲烷，以**氣態水合物**（或水和天然氣的結冰混合物）的型態出現在海底。[21]甲烷和海洋微生物所製造的其他廢棄物，可在很窄的壓力與溫度條件下，以冰的型態存在於海底沉積物當中。但此種條件產生變化時，它們便會快速揮發（瓦解成氣態），舉例而言，其結果可能導致海洋溫度或海平面的變化。迅速釋出貯存的甲烷，對氣候有著巨大的影響，因為甲烷是比二氧化碳還有效二十倍的溫室氣體。因此，融解雪團地球所需的甲烷，遠比所需的二氧化碳少得多，而且釋放來自氣態水合物的甲烷所需的時間（數百年），也遠比火山咳出足量二氧化碳的時間（數百萬年）短。

要取得關於此一大解凍事件的資訊，我們又得再度諮詢帽子碳酸岩。並非所有的碳原子都長得一樣，最常見的型態是有六個質子、六個中子的碳十二（^{12}C），但也有擁有七個中子、比較重的碳十三（^{13}C）。碳十二和碳十三比其放射性表親碳十四（^{14}C）穩定，也不會隨著時間而衰敗（岩石和有機物質中的碳十四，則會在約六萬年後全數衰變）。碳十二和碳十三原子量的差異雖小，卻剛好足以使行光合作用的植物「避開」較重的碳十三，因為要從大氣中萃取較重型態的二氧化碳，得多花一點能量。因此，固著於生物的碳通常是較輕的碳同位素，碳十二的量遠比來自火山、未經整理的「生碳」多。

事實上，雪團地球期間，帽子碳酸鹽中的碳明顯含有大量的碳十二，這表示其主要來自生物物質，而非累積自火山噴出物。碳來自生物物質的證據，與氣態水合物的情節較為一致，不過霍夫曼和施哈克則辯稱，海洋中有數百萬年都沒有行過光合作用，也一樣可以說明帽子碳酸鹽的同位素特徵。沒有光合作用的話，碳十二會在海水中累積到異常高的數量，而正常情況下，碳十二會為生物所取用。此一論辯要視碳同位素變化的確切時點和持續期間而定，而到目前為止，岩石都還沒有提供地質偵探足夠的證據，好從發生於數百萬年間的事件中，分辨出發生在數千年裡的事件。

原生元末期的地球是被雪團困，或只是陷於泥濘，大解凍又該歸因於甲烷打嗝還是火山，這些問題還在持續爭論當中，但此一事件無疑是地球所經歷過的最大氣候危機之一。事實上，施瓦爾巴等幾個經典地點的沉積物都顯示，在一億五千萬年之間，冰凍解凍的循環不只發生過一次，而是發生了四次之多。這些冰河時期是怎麼開始的？我們沒有理由認為太陽會突然變暗好幾億年。較晚近的更新世冰河作用，看來至少局部起因於軌道的變化，而這變化是發生在數百萬年的時間尺度之上。因此溫室氣體必然與此有關，但又是什麼導致地球在這麼長的時間裡，改變了自己的碳花費習慣呢？

海洋盆地或超級大陸的壽命約為一億年，而在原生元的最後一段時間裡，地球上所有的大陸地殼幾乎全都擠在一起，形成一個碩大無朋的陸塊，身後被命名為**羅迪尼亞大陸**（這個陸塊比知名的超級**盤古大陸**還要早了一輩）。超級大陸來來去去，但羅迪尼亞大陸卻與眾不同，它跨踞赤道，因此大部分陸地都位於熱帶緯度地區。這個位置與地球的長期氣候控制系統有關，因為矽質大陸地殼的風化，是地球自大氣汲取二氧化碳最重要的方法。就跟後雪團地球時期一樣（不過速度要溫和得多），大氣二氧化碳會和雨水結合而形成碳酸，溶解了岩石中的鈣等離子，將之沖入海裡，在海中沉降（通常都有生物的協助）成碳酸鹽岩。此種精巧的系統是地球與熱到無望的姊妹金星最大的不同之處，金星從來不曾找到方法來擺脫它的碳。

但原生元最後的一段時間裡，地球自大氣中抽取二氧化碳的速度顯然太快，而位於低緯度地區的羅迪尼亞大陸可能就是原因。在一般的冰河時期（如更新世）當中，冰會自極區發展，並開始覆蓋住陸塊，與風化作用有關的大氣二氧化碳減少，會因而趨緩。這又會倒過頭來使氣候變得溫暖一點，而阻止冰繼續推進（布迪科的冰層反照率模型中並未納入此一負回饋機制）。但如果地球上多數大陸地殼，都像原生元時期一樣位於低緯度地區，岩石風化作用就會持續不受抑制，直到冰河抵達熱帶為止。當地函對流終於導致羅迪尼亞大陸斷裂，大陸地殼再度分散至高緯度地區，岩石、水和空氣才會重啟正常的對談。但如下一章將會談到的，屆時地球生物的變遷已然不可回復。

二疊紀變換排列

之後的古生代時期裡，地球有七億年的時間都處在均衡狀態下。興盛於海洋中的生命益形複雜，而到了約四億二千五百萬年前的志留紀，有一小群先鋒動、植物開始殖民以前無人居住的大陸，到了三億年前的石碳紀，則有哺乳動物般的爬蟲類漫步於蒼翠的森林地上。除了幾次冰河時期和大型隕石撞擊（兩者都於奧陶紀和泥盆紀導致大滅絕事件）之外，古生代是相對穩定的時期，至少跟雪團地球那多變的情況相比是如此。然後在約兩億五千萬年前的二疊紀晚期，事情出了嚴重的差錯。[22]

全球生態系在約一百萬年間崩解，據估計所有物種約有百分之九十都滅絕了。這是地球史上最大的大滅絕事件，遠比聲名更加狼藉、殺死恐龍的白堊紀第三紀（K－T）事件嚴重（後者的滅絕率約為百分之六十五）。如今多數地質學家都認為，K－T災難事件與一顆大型隕石撞擊尤加敦半島外海有關，二疊紀滅絕事件則與此相反，顯然起因於地球內部。就跟雪團地球期間一樣，當時地球的「新陳代謝」似乎陷於瘋狂。此一事件至今都還是地球史上最恐怖、也最不為人了解的事件之一。二疊紀晚期與現代相似得令人毛骨悚然，了解這與死亡的近距離接觸期間發生了什麼事，因此變得至關重要。

就在生物圈開始遭到破壞的數百萬年前，盤古大陸這新的超級大陸已然建起，又以新的組態將分散的羅迪尼亞大陸碎塊重新結合起來。二疊紀早期有過一次溫和的冰河期，但由於盤古大陸不像羅迪尼亞大陸，而是跨越了高緯與低緯地區，因此冰河並未進展到離極區很遠之處。冰河時期全球海平面一度下降，使大陸棚面積縮小。此種淺水棲地的流失，可能對偏好光線與養分充足地區的海洋生態系造成了一些壓力。但這溫和的冰河事件與隨之而來的海平面變遷，比大滅絕事件早了數百萬年，不太可能是該事件的唯一原因，也無法說明大滅絕事件的突然性與嚴重性。

對美國德州和中國南部二疊紀晚期地層中的鋯石所做的高解析度鈾鉛定年顯示，此次滅絕事件的主脈衝波既快速又殘暴，為期大概只有九十萬年（自二億五千二百三十萬至二億五千一百四十萬年前）。[23]同一時間，壞事也發生在地球的空氣和水身上。西伯利亞的火山裂隙以史無前例的速率噴出玄武岩漿、二氧化碳，二氧化硫、氯和氟，是地球史上最大的陸地火山事件之一。此次玄武岩氾濫事件所形成的岩石，稱為洪流玄武岩（traps 或 traprock，這是玄武岩的古雅舊稱，起源於挪威語的梯子〔trappe〕，因為受侵蝕的玄武岩層有著台階狀的外形而得名）。洪流玄武岩一直以來都被視為世界級的玄武岩氾濫層序，與哥倫比亞河峽谷（約一千五百萬歲）、蘇必略湖中大陸裂谷（十一億歲）、印度的德干高原（六千五百萬歲——說來奇怪，剛好正是K－T滅絕事件發生之時）並列前四名。但近來的鑽採則顯示，洪流玄武岩遠比之前所想得廣大，覆蓋面積約兩百多萬平方公里，比歐洲還大了一倍多。[24]

空氣中也有別的變化。中國南部和施瓦爾巴（一個擁有豐富地質遺產的小地方）雖然位於世界的兩端，兩地的海洋沉積物（橫跨二疊紀晚期到大災難後三疊紀開始的過渡時期）卻都顯示，當時的海洋生物頗感窒息。充滿化石的紅、綠色泥岩被貧瘠的黑色硫碳沉積物所取代，這些沉積物就好像現代黑海海底那種散發臭氣的有機軟泥。（地質學家以 euxinic〔死水的〕來形容此種深黑色的頁岩；這個字起源於黑海的古拉丁文名字 Pontus Euxinus，意為死水之海。）泥岩的顏色從夢幻般的紅色變成喪禮式的黑色，再加上局部分解的有機物質及黃鐵礦等硫化鐵礦物的存在，在在表示從二疊紀晚期到三疊紀初期，氧氣完全從先前興盛的海底生態系消失了。[25]顯然當時連利用腐爛物質的分解者都沒有。

現代黑海之所以會在表面水域下形成缺氧死亡帶，是因為有大量分解中的有機物質將深水區的氧氣消耗殆盡（目前此類水域愈來愈多，如墨西哥灣和契沙比克灣便是）。黑海也有鮮明的分層，含鹽的底層水被困在較輕的淡水下方，因此底層水無法經由對流而更新流通。除非海洋停滯而不再與大氣互動，否則無法像二疊紀末期那般缺氧。西伯利亞火山真的有可能引發這一切嗎？

在爆發的高峰期，大量的二氧化碳、二氧化硫、氯和氟等火山氣體，會將雨水變成碳**酸**、硫**酸**、鹽**酸**、氫氟**酸**的燃燒混合物（在此要停下來想想：這些火山噴發物，跟現代工廠煙囪的排放物，並沒有太大的差異）。陸地生態系可能嚴重受創，但富含鈣的海洋就像個巨型解酸劑，可能緩解了酸沉降。若是沒有發生什麼其他的事，則已然衰憊不堪的陸基生態系還是可能復原。但另一次（或好幾次）環境打擊卻又導致了全球性的大災難。

二疊紀末期岩石中的碳和氧同位素，訴說著一則恐怖的故事。我們可以利用石灰岩中方解石（$CaCO_3$）的氧同位素，來推論沉降出礦物的海水，當時是何溫度，就好像我們利用冰河冰（H_2O）中的氧同位素，來重建降雪當時的空氣溫度一樣（參見第三章）。二疊紀晚期石灰岩的氧同位素比例顯示，在相當短的時間裡，全球溫度就上升了攝氏五、六度之多。定年方法的限制使我們無法確知升溫速率有多快，但這種規模的溫度躍增（約與現代溫度和上一次冰河期終了時的溫度差相當），一定對本已衰弱的全球生態系施加了相當大的額外壓力。古氣候資料也顯示，溫室隔絕的程度，比預期中西伯利亞火山群會導致的還大，因為上大氣層的硫粒子反射所引發的冷卻效果，理當已局部抵消掉排放出來的二氧化碳。二疊紀晚期海洋石灰岩和陸域**古土壤層**（富含鈣的沉積岩，被視為是古代的土壤）中的碳同位素紀錄再度顯示，海洋所吐出的甲烷可能已將氣候系統推過了極限邊緣。

二疊紀的土壤沉積物就跟雪團地球時期的帽子碳酸鹽一樣，含有很高的輕碳。[26]可能是以氣態水合物的型態而腐爛的有機物質，似乎是可以說明此種同位素輕值突兀變動的唯一碳貯存。可能在僅僅數周的時間內，便有量大得令人窒息的二氧化碳和甲烷釋出。（一九八六年，喀麥隆的尼歐湖突然致命性地釋放出天然二氧化碳，導致近兩千人死亡；此一事件通常被援引為二疊紀大災難的小規模類比事件。）因此，不論西伯利亞火山爆發的毀滅性如何，有機氣體的噴發都使事情雪上加霜。陸域和海洋生物大量死亡，分解中的有機物造成海洋缺氧，可能又觸發更多窒人氣體釋出。生態系腹背受敵，從初級製造者到頂級掠食者，每個營養級都遭受重創。[27]倖存者檔案一片沉寂；沒有比家貓大的動物能夠活過二疊紀和三疊紀界線，陸域生態系顯然有五百萬年的時間都無法復原。[28]

這噩夢般的事件組合，看來已相當足以說明二疊紀大災難，但有些科學家還在尋找天外飛來的原因。由加州大學聖塔芭芭拉分校的貝克所領導的一個研究團體最近表示，他們已經在澳洲西北大陸棚找到一個年代正確的隕石撞擊坑。[29]若真有一顆大型隕石在此時撞上地球，那也不過是為一連串的殘酷打擊再添一筆罷了。古生物學家爾文以《東方快車謀殺案》中名探白羅的工作，來比喻地質學家要揪出二疊紀滅絕元兇的困難。白羅在故事尾聲終於了解到，被害人（本身也是個連續謀殺犯）連續被其他十二名乘客分別各刺了一刀，而每個人都各有復仇的理由。而二疊紀災變是導因於一連串事件的意外組合，或是單一惡意兇手所為，又是哪一個想法比較能夠安慰人心呢？在這個人類所製造的硫、氯排放物與火山釋放量相當高甚至更高的年代，當人類所製造的二氧化碳比自然速率還高了十分之一，當全球海洋有愈來愈多地區正因為汙水和肥料逕流而成為死亡地帶，我對此已不再確定。更晚近的氣候不穩定紀錄也同樣讓人警醒。

更新世後

威斯康辛州密西根湖東方一、兩公里處，有個叫做雙溪的小鎮。那裡水蝕坡的半道上，有一層被掩埋的殘根斷木暴露出來，長久以來，當地的青少年都拿那裡的木材來生湖畔營火。若你不嫌麻煩而去細數年輪，就會發現有些較大的樹在被埋入沙和黏土時，已經有一百八十歲那麼老了。在這些較大的樹幹之外，還有一些較小的枝幹，以及松樹、雲杉的毬果和針葉，從地層中突伸出來。這些東西看來很像威斯康辛州北部松樹林地面那柔軟、芬芳的常綠樹落葉毯。但如果你花時間去檢視木質層之上跟之下的沉積物，你會很驚訝地發現，這「森林地面」竟被夾在兩個顯然是冰河沉積物的巨礫黏土層中間。這表示森林是在冰層退去之後生根，並且興盛了將近兩個世紀，隨後又再度被冰河給壓垮，突然被掩埋起來（因此而能免於腐爛分解）。

一九五〇年代早期，為了進行碳定年而在這個樹林採集樣本時（其實那是以碳十四方法進行定年的第一批物質），得到十一萬七千年的驚人結果。[30] 闡明雙溪掩埋林的故事，後來成為哥倫比亞大學學生布羅克的博士研究計畫，而他後來則成為新興的古氣候學領域的領導者之一。布羅克了解到，雙溪層顯然記錄下冰河時代晚期一次冰河情況的全面迅速回歸，而這發生在冰河已經融化退卻達一千年之久以後。布羅克等人開始在雙溪蒐集此次突然變冷乃是全球性現象的證據，這如今在古氣候學界以**小冰河時期**而為人所知。就在地球剛擺脫上一次冰河期的控制時，天氣突然又在一千年左右的時間裡變得非常寒冷。到底是什麼原因導致這樣突兀的氣候變遷？

我們已經看到，火山噴氣和海洋打嗝，如何以急速提高大氣溫室氣體含量的方法，突然提高了全球溫度，但卻沒有反向的作用，可迅速將二氧化碳和甲烷自大氣中移除。此一時期也過於短暫，像雪團地球場景那樣的矽酸鹽風化原因並不適用。布羅克因此另覓地球熱預算可在一世紀或更短期間內改變的其他機制。而答案就在於海洋水的運動。

洋流是地球的熱散布系統，弭平了不同緯度區所接收的太陽輻射量差異。墨西哥灣流等大型洋流將熱帶地區的暖水送往極區；若是沒有這種進口熱，與阿拉斯加和加拿大北部位於同樣緯度的英國和北歐，就會遠比現在更不宜人居，生長季節會短到農業無法存在的地步。墨西哥灣流往北移動，並將熱量借給周圍的土地時，水不僅變冷，也因為旅程中不斷反覆的蒸散循環而變得較鹹，最終因密度過高而在挪威的格陵蘭海再度下沉。水從這裡展開一場壯麗的南方之旅，以底層水的型態在表面下的深處曲折前行，最後來到印度洋，因為變溫暖而上升，再度與大氣相逢。

對流是此一**海洋溫鹽循環**的驅動力。溫鹽循環就跟較長期的地函對流一樣，各個變項之間必須保持臨界平衡。若是北大西洋海水的鹽度沒有達到下沉的臨界值，整個輸送帶就會陷於停頓，正如公路上一輛拋錨的汽車，就能使車陣回堵好幾公里。布羅克等人了解到，北大西洋鹽度的急速下降，可以說明雙溪層所記錄下的突兀嚴寒。[31]上個冰河期晚期，正當覆蓋了北美和歐洲的大陸冰河急速解體之時，大量融化淡水在北大西洋氾濫成災。大型冰河湖如美國北達科他州和加拿大曼尼托巴省的阿加西冰河湖（該湖的面積比現代的五大湖面積加總還大）之前被冰堵住的通道開啟之時，可能災難性地湧入哈德遜灣及聖羅倫斯海道。[32]

融化的淡水可能稀釋了從南方過來的水體，使得鹹水不再能夠下沉。之前以數百斯維卓（相當於一千條密西西比河）的速率行駛的海洋公路，如今塞車達數十年甚至更久，而陸地上還不斷有更多融化水湧來。北大西洋及周圍陸地的陽光進口來源被截斷，於是變得愈來愈冷而觸發了短暫的冰河情況回歸。這又使墨西哥灣流得以再度確立自己的地位，再一次將溫暖帶往北方，最後終於將地球拉出了冰河時期。

二〇〇四年，布羅克的想法在丹尼斯．奎德的詮釋下，被拍成驚悚電影《明天過後》搬上好萊塢。這部電影的前提為：人類排放的溫室氣體融解了大量的冰，導致北大西洋突然淡化，隨即中斷了溫鹽輸送帶。隨後極端天氣持續了約一個星期，等到冰雪落定之時，自由女神像自腋下全都埋在冰裡。這部電影的時間尺度被壓縮到幾近荒唐，但那背後的科學則健全無誤。雙溪掩埋林的樹木使我們了解到，我們實在應該開始想像自己壽命期間會產生的氣候變遷。

彼此連結*

地球喪失平衡感的次數顯然很少，了解到這一點，使地球整體的冷靜更顯特殊。地球就跟單車騎士一樣，輪子轉動之時才比較穩定。停滯就意味著死亡，循環才是優於一切的法則。只要深層水和淺層水不斷滾流過彼此，海洋和大氣能夠自由混合，各緯度和深度（甚至深入地球內部）的岩石和水可以互動，這個系統便能蓬勃興盛。互連雖然也有先天性的風險，但所能提供的穩定性永遠都比孤立來得高。

我們將地球與兒時同伴火星和金星相比便會發現，一座行星就算擁有所有的原料，也未必會發展出永續的構造系統、一致的氣候或長壽的生物圈。這些原料首先必須被組織，然後它們還得「學著」在所有的時間尺度上，以一種能夠將分類與濃縮作用（火山作用、蒸散作用、光合作用），以及混合與分散作用（隱沒作用、風化作用、分解作用）相平衡的方式來互動。混和與分類都同時具有建設性和破壞性，兩者都既不是故事裡的惡棍，也並非英雄。不受抑制的

*譯注：原標題為 only connect，意在警惕人類「彼此連結」的重要性。此一概念取材自福斯特的小說《此情可問天》；故事中的人物試圖在愛德華時代的英格蘭，跨越牢固的社會階級而彼此接觸互動。

浪費就跟極度隔離一樣，都會對健康的系統造成嚴重損害。混合與分類（混亂與整潔）在密切的相互遷就當中，形成了一個強而有力的創意小組，使地球能夠常保活力達四十億年。

第五章　創新與保守

長期說來，過多安全只會導致危險。

——李奧波

我們不為未來世代著想，因此他們絕不會原諒我們。

——提坎南

你說來場革命吧

每個社會、每個世代、每個家庭裡，關係、大眾文化和政治，都為新舊之間的緊張所界定。看守者（又被稱為守舊者、保守者、信仰保持者）總是與創新者（即革新者、麻煩製造者、有遠見者）對抗。我們又要如何決定何者該保留、何者該揚棄？我們該於何時嘗試全新的事物，何時又該安於已嘗試為真的事物？太陽底下果真有新鮮事嗎？若是沒有的話，激進的創新在這有著根深柢固習慣的世界裡，可有生存的機會？

在地球史上，保守與創新之力共軛存在，互有領先和落後，但始終都彼此抑制。在生物圈裡，穩定時期由保守占上風，壓力時期則由創新占上風。地球史上最具毀滅性的環境危機過後，總是有一些最具革命性的進展。但這些時期所興起的生物和生存策略，真的在絕對意義上較適或較佳嗎？一些初期的特別設計在何種程度上足以排除先前的實驗？對於那些將會改變世界的人，岩石紀錄有著既教人清醒又具啟發性的故事要訴說。

氧悖論

約二十五億至二十億年前，在世界各地沉積下來的帶狀鐵礦構造（參見第四章），記錄了地表環境最深刻的變遷之一，亦即原本以火山二氧化碳及水蒸氣為主的大氣，過渡到以自由氧為主要成分的大氣。在此之前，還原狀態下具有高度可溶性的鐵，大量存在於海水當中。但到了原生元早期，行光合作用的**藍綠菌**（藍綠藻，就跟池塘裡製造出黏糊浮渣的那種藻類很像）釋出氧氣至少已有十億年之久，空氣中於是產生了變化。最後海洋充氧，所有分解在水中的鐵，如今都變得不可溶，於是便於很短的地質時間內，沉降成大量的鐵鏽層。直到海洋中已不再有貪好氧的鐵之後，氧氣才可能開始在大氣中累積到可觀的程度。

沉積紀錄記下了地球化學權力遞嬗的這個階段。帶狀鐵礦構造一消失，**紅色岩層**（這是個很相稱的革命名稱）此一全新的地層旋即現身。這些具代表性的陸域（陸地）沉積物，落腳在古老山腳下的河流或沖積扇中。紅色岩層的赤褐顏色是其區隔特徵，表示這些沉積物含鐵礦的風化表層，是於沉降之時氧化。紅色岩層告訴我們，氧革命約於十八億年前便已發生。

行光合作用的生物引發了這場革命，但連許多革命煽動者本身都感到，所創造出來的世界並不適合居住。早期的生物圈多樣性雖高，卻幾乎都是單細胞生物，對其間的多數住民來說，氧是有毒之物。在還有大量反應鐵可以吸收氧的時候，氧至多只造成地區性的廢棄物處理問題，而一旦此種氣體普遍存在於大氣，它就成了一項全球性的環境危機，必須立即對之做出根本性的回應；而剛好起了作用的緊急計畫，則決定了往後生物圈的演化方向。

至早在二十五億年前，在氧無所不在之前很久，便有一些單細胞生物創業者（包括一群稱為「粒線體」的生物），開始利用行光合作用者所釋出的氧「廢氣」。氧在全球大氣政權中取代二氧化碳之時，這些生物便已準備好要發動政變了。不過其他生物則否，於是生存選擇便很有限。當時的生物都只是結構簡單的**原核生物**，沒有細胞核或其他代表各種家務瑣事的專門細胞器。厭氧生物的選擇之一，便是躲入某些地方，因為那裡的化學環境，使它們能夠以跟過去同樣的方式生活。今天，某些此類厭氧生物的後代，還興盛於地區環境與早期地球大氣較為相近之處，如沼澤、靜止水體的深處、牛等反芻動物的胃等。

還沒準備好面對氧的生物，另一個持續生存於地表的選擇，便是與那些早已對新世界秩序有所預謀的生物結成盟友。有些早期的厭氧生物發展出聰明的合併策略，吸收了粒線體，這使得厭氧生物可以將氧當成一種代謝燃料，而小小的粒線體則自宿主取得了房間和膳食（遮蔽所與營養素）。我們體內乃至地球上所有動、植物的每個細胞，都是此一共生聯盟的紀錄。粒線體是我們細胞裝置的根本構件，是呼吸作用的動力站，自葡萄糖中萃取能量，並將之轉換，供應給重要的新陳代謝使用。（粒線體〔mitochrondria〕這個字的意思為「細線粒子」，與「球粒」〔chrondrules〕有著相同的希臘語字根，而球粒是更為古老的星塵粒子，或許就是它們在地球上播下了生命原始物質的種子。）奇怪的是，粒線體擁有自己的ＤＮＡ，與宿主生物本身的ＤＮＡ分離，自己住在細胞核裡面。（這是因為在有性生殖的基因交換當中，粒線體ＤＮＡ並未經過混合，而是原封不動地直接承繼自母親，因而保留了母系的資訊。粒線體ＤＮＡ已被用來推論所有當代人類共同的母親「夏娃」所生活的時間跟地點。）

有人指出，粒線體的ＤＮＡ證明了粒線體本是獨立的生物，後來入住我們的單細胞祖先體內，並且決定要待下來；微生物學家瑪歌麗絲也是做此主張的先驅之一。[1]瑪歌麗絲等人後來的研究顯示，此種**內共生**乃是生物圈慣見的演化手法。葉綠體是植物細胞內行光合作用的器官，起初可能是以獨立藍綠菌的型態出現，而藍綠菌後來又與早期的**真核生物**協力，形成了一個新的界。細胞核是真核生物獨有的特徵，其本身可能是透過同類型合併而出現，約與粒線體聯盟的出現年代相當。而所有真核生物（包括人類在內）事實上都好氧、細胞內都有粒線體的觀察，也支持此一推論。此外，第一批有著清楚細胞核的微化石，也是於氧革命的年代出現於化石紀錄當中。在上密西根半島的一個礦坑中，有一道二十一億歲的帶狀鐵礦構造，其間便發現了螺旋管蟲化石，此種呈盤繞型的藻類，可能就是所有現代真核生物的始祖。但該如何說明此種小環狀的生物，還是有人抱持著不同的意見。[2]

大氣變化還以其他方式影響到生物圈。富含氧氣的新天空有項偶然的副產品，那就是平流層的**臭氧層**，這是二價氧（O_2）與太陽紫外輻射（UV）互動的產物。在大氣層的最外圈，短波長的紫外光會將某些O_2分子切成單一的氧原子，隨後則與O_2互動而形成了O_3。臭氧的本身則又持續被紫外光轟炸，當它被波長較長的紫外光（一般稱為UV－B）擊中，就又再分解成O與O_2。臭氧以此種方式吸收了會對DNA造成傷害，因此對活生物也格外有害的UV－B輻射。在自然情況下，臭氧生成與毀滅的速率大略平衡，因此平流層的臭氧量大致上維持恆定。

過去的地球生物是在沒有臭氧防護罩優勢的情況下演化，因此那些首先殖民整座星球、吃苦耐勞的先驅（尤其是藍綠菌），便有著超卓的能力，可以修補受損的DNA，或是緩和有害的UV輻射。高度忠實複製DNA的天擇壓力，在前臭氧世界中或許很不錯，至少對生活在淺水中的生物而言是如此（直到今天，藍綠菌還保存了一些所有生物群中最古老的基因序列）。[3]然而，在原生元的早期，當新的地球化學規則建立起來，UV輻射損害基因的威力開始衰退，於是基因創新的能力就變得較為有利。

放射性攻擊的減緩，和基因創新優勢的提高，說明了「有性生殖」這創造性發明出現的時間點。岩石紀錄假作端莊，沒有記下生物演化史上此一決定性的時刻，但古生物學家揣測，這個時刻約發生在原生元中期。[4]長久以來，性的起源都是演化生物學上的謎團；有性生殖比單性繁殖慢，風險也比較高，但卻是多數多細胞生物和許多單細胞生物的慣例。演化生物學家史密斯以其知名的模型將此一矛盾予以量化；該模型是個行有性生殖的生物族群，其間產生了容許雌性單性生殖（複製）的突變（有些蚜蟲物種便是如此）。假若一特定雌性生物的生殖方法，並不會影響到所產子代的數量和發育能力，那麼便很容易發現：行單性生殖的雌性生物，在每一世代所占的比例都在提高，行有性生殖的個體最終便會消失。[5]若是考慮到行單性生殖的個體，其所產子代通常都比行有性生殖的個體多（與史密斯模型的第一個假設恰正相反），性的持續存在就變得令人更加迷惑。因此，在某些情況下，性強化子代生存機會的程度，必定勝過單一親代生殖所具有的先天數量優勢。

雖然有性生殖所具有的演化優勢還不確定，大部分的模型和實驗卻都支持「性」能夠強化天擇適應效率的觀點。[6]有性生殖會將基因物質重新洗牌，降低了**連鎖不平衡**現象（與功能無關的基因，在基因組中卡在一起的現象）的發生機率。此種連鎖現象意味著，不利的性狀可能會搭優勢性狀的便車，而這在演化速率上則有一種煞車效應。[7]相反地，性容許基因實驗帶上為數有限的不速之客，使生物得以在面對環境變遷之時，發展出精緻微調過的適應作用。[8]性興起於新環境條件開始偏好演化創新之時的說法看似有理，[9]但現在的古生物學及分子資料還不足夠，無法就真核生物開始偏好性的地質時刻做出決定性的測定。

氧革命看來有著如下的教益：誠如粒線體所為，先發制人有其回報，但當變化已在進行，與有力盟友發展出緊密的關聯，就變得更為重要。在危機年代裡，共生合作、以創造性的方式合成習得技能，並且自由交換資訊，便可能獲致最成功、最多功能的創新行為。[10]

脫出嚴寒

原生元早期的重大革命躍遷之後，原生元第二部分的化石可謂相當平靜無事。真核生物確立了地位，變得相當多元，與繼續居住在低氧棲地中的原核生物和平共存。**疊層岩**是大量藍綠菌等微生物所留下、呈細緻薄層狀的沉積物，在此一時期的地層紀錄中為數甚豐。真核生物的多細胞化，是此一時期最著名的發明，這指的不僅只是單細胞連鎖形成珠串（這甚至已見於最早期的太古元化石當中），而是指一種新的、更複雜的身體系統，其內有不同的細胞執行不同的功能。至今還沒有人能在化石紀錄中，精確指出多細胞動物首度登場的那一頁，不過到了原生元中期（約十二億年前），某種東西，可能是一種原始的蟲吧，在澳洲西南部的沙岩床中留下了「塗鴉」。[11]如果這是爬行痕跡，那麼必然是由複雜到足以行過海床的生物所留下。更具決定性的多細胞化證據，是一種被認為有著分化細胞的紅色藻類化石，被保存在加拿大北極圈內桑默塞島的地層當中，差不多與澳洲爬行動物的痕跡同時。[12]

即使多細胞動物已在原生元中期到晚期興起，它們跟較簡單的前輩相比，似乎也不具有重大的革命性優勢。支配了原生元晚期化石紀錄的生物，是一種稱為「疑源類群動物」的單細胞構造，可能代表了簡單藻類變種的盛衰周期中的一個階段。它們長可達〇．二五公分，在它們所生活的年代可謂巨大。它們非常多樣，也非常成功，支配海洋達數億年之久。疑源類群動物約於八億五千萬年前達於極盛，而後地球失足落入雪團冰河作用的掌握，它們也全數被消滅了。

約五億七千萬年前，地球終於自寒顫中復原時，環境紙牌顯然已經洗過了。嚴酷的冰河時期過後，原先由疑源類群動物和其他生物所占據的地位，如今空了出來，這或許是氧興起之後，創業家首度擁有無限的機會。第一批在世界邊境畫地自居的拓墾者，是一群稱為**埃迪卡拉生物群**的謎樣化石生物；埃迪卡拉生物群是以其澳洲南部的發現地區而命名，又稱為范多佐生物（Vendozoans 或 Vendobionts，Vendian 是雪團地球時期的舊稱，是一九五〇年代俄羅斯地質學家所引進的名稱）。關於此種長相怪異的生物，曾有過各種各樣的解釋，有人說它是像地衣那樣的真菌和藻類共生體，有人說是現代節肢動物和水母的始祖，也有人說它是一支失敗的早期動物，已沒有後裔存留下來。[13]那米比亞、瑞典、英格蘭和紐芬蘭的化石，使人對埃迪卡拉生物群的解剖構造和生活方式有了驚人的新理解，因此這最後一個解釋雖然較令人困擾，卻已獲得大家的接受。

所有埃迪卡拉生物的身體看來都是軟的。有些看來肥滿，好像車縫過的拼貼棉被，有如小型版的過時氣墊。有一群跟現代的海筆很像，有著清楚保存下來的夾鉗，想必是用來將自己定泊在海底。有些則史無前例地大得驚人：有一種稱為「查尼亞蟲」的藻體型化石，長到約一．五公尺高。其他的埃迪卡拉生物看起來像蟲，但（很驚人地）卻沒有任何消化道存在的證據，顯然它們若不是直接自海水吸取養分，便是充當行光合用作的微生物寄主，以此養活自己。此種化石被精緻地保存在紐芬蘭名稱不祥的「錯誤角」火山灰裡，記錄下一個複雜的生態系，其間有著各種不同的生物類型，各自生活在不同的深度。[14]

錯誤角火山灰層也有鋯石結晶，其年齡顯示，最早的埃迪卡拉生物出現的時間早於五億七千萬年前，幾乎是雪團地球冰河期一終了就出現了。[15]之後的三千萬年裡，在這座差點活活凍死的行星上，古怪的埃迪卡拉生物群界定了一個全新的生物圈。然後約在五億四千萬年前，這種外型奇幻、適應力強的生物消失了。在這世界的某處，有一種激進又殘酷的新革命性策略正在興起，那就是掠食。埃迪卡拉生物群根本就連機會都沒有。

與（尚未進化出來的）鯊共游

加拿大英屬哥倫比亞省聲譽卓著的伯吉斯頁岩化石床（參見第一章），提供了將埃迪卡拉生物群趕盡殺絕的血腥世界最完整的一幅圖像。[16]但在潛入寒武紀中期危險的海洋之前，我們必須先回顧一下古生物學和演化生物學上那同樣變幻莫測的水體，以便讀懂吉伯斯頁岩。

在古生物學界之外，伯吉斯頁岩之所以出名，主要是因為它是已故地質學家顧爾德所著《奇妙的生命》一書中的熠熠巨星。[17]顧爾德在《奇妙的生命》當中特別強調，伯吉斯頁岩代表著巨大的生命型態多樣性。顧爾德指出，動物不僅只是多樣（這是以存在的物種數來衡量），就基本軀體藍圖的變化，比今日的動物界還高這一點而言，當時的動物還很「異類」。伯吉斯頁岩不僅囊括一種以外的所有現代動物門（門是界之下最高的分類），還包括好幾種已不復存在的門等級譜系，連我們自己所屬的脊索動物門（脊椎動物是其首要的分枝）都有代表，是一種鰻魚似的極小生物，稱為「皮卡亞蟲」。顧爾德以伯吉斯頁岩來說明一些他認為較重大的演化真理：（一）適者生存的意思，跟幸者生存差不多；（二）可能出現又同樣具有功能性的軀體設計範圍很廣，而現代的動、植物頻譜所代表的，不過只是其中一個狹窄的切片。顧爾德挑戰生命之樹的標準說法（亦即生命是逐漸分枝、益形寬廣），並且認為史上的生命比較像是灌木叢，在同一時間向各方開枝散葉；每個成長時期之後，多數的枝幹都被滅絕事件所剪除，但有少數幸運者存活下來，界定了之後的譜系。

顧爾德對伯吉斯頁岩的詮釋，受到古生物學界一些成員的猛烈攻擊，這其中也包括康墨里斯，但《奇妙的生命》卻對他在研究所時期就伯吉斯頁岩所撰寫的論文大加讚揚。康墨里斯等人如今主張，伯吉斯動物並不如他們自己早先研究中所稱的那般奇特。[18]康墨里斯認為，有七個物種過去一度被認為是古怪的典型，完全位於已知的分類範疇之外，但其實它們都與已知的譜系有著家族關聯。「微瓦霞蟲」便是一例，這是一種最最奇怪的生物，若說它長得不像希臘神話中赫密斯的頭盔（赫密斯的帽上插有羽翼），那就是像有翼的朝鮮薊。而如今此種生物被認為是一種原始的腕足類動物，也就是一種雙殼的海洋生物，至今還見於現代海洋當中。彷彿來自異世界的「奇蝦」，現已重新定名為「寒武紀沼澤蝦」，被重新解釋為只不過是另一種節肢動物，並不那麼不同於螃蟹和龍蝦。（伯吉斯頁岩中多數的化石物種都屬於節足動物門，現代的昆蟲和史上最成功譜系的現存者，也都屬於這一門。）康墨里斯全面推翻了自己之前的結論，如今拒絕把伯吉斯生物歸入任何「新的」（其實該說是舊的）動物門裡面。

還有其他的演化生物學家挑戰「寒武紀大爆發」的重要性甚至真實性（地質學家以「寒武紀大爆發」來形容伯吉斯頁岩所記錄下的生物創造力勃發），其中最知名的就是道金斯。[19]道金斯在一九九〇年就《奇妙的生命》所撰寫的書評當中，簡直就是漠視了伯吉斯頁岩中為數眾多的動物門，他相當正確地指出：「任何新的門必然始自一個新的物種。」[20]也就是說，枝葉系統裡的第一批分枝，必然會先形成主枝，之後分枝再從主枝長出來。身為地質學家，我感到不得不指出，道金斯遺漏了一個關鍵點——生命之樹很晚才開始分叉，且出現得很是突然，當時樹幹已存在超過三十億年之久。不論數算的是物種還是門，寒武紀中期必然是發生了什麼大事。

圍繞著伯吉斯頁岩和寒武紀大爆發的辯論之激烈，意味著科學背後尚有更大的哲學與政治問題存在。對顧爾德看法的激烈反對，有一部分是來自演化生物學家為了對抗四處蔓延的「特別創造說」（生命乃是上帝的造物），所必須保有的持續警覺。顧爾德當然並非特別創造論者——確實，他那大量的通俗著作有時甚至顯得很誇張，而其核心要旨，便是要盡他所能讓更多讀者都能接觸到演化思想的邏輯。

不過顧爾德是有挑戰到一些正統達爾文主義的信條。顧爾德關於三葉蟲的古生物研究，尤其使他獲致結論而認為，大體上而言，演化並不以一個穩定、莊重的速率前行，而是一時向前躍進，然後再停歇下來，他和同事艾垂奇將此種模式命名為**斷續式平衡**。[21] 一九七七年首度發表此一觀念的論文有著語帶挑釁的副標題：「演化節奏與模式的再考慮」，而忠實的達爾文守門人則可聽到特別創造論者已經歡欣鼓舞地在摩拳擦掌了。斷續式平衡似乎直接向特別創造論者演奏出「失落環節」的論證，亦即化石紀錄中明顯欠缺橋樑生物便可否證演化論。而對演化生物學家來說，將地質史上不同時期內大量物種的「突然」出現，歸因於化石紀錄高度不完美的本質，則是安全得多的做法。

但自從一九八〇年代初期開始，注重方法的古生物學研究與更精確的同位素定年法已顯示，化石紀錄並非永遠都具有那麼要命的缺陷。許多遺失的環節後來都找到了（如恐龍與鳥類之間、陸上哺乳動物跟鯨魚之間的環節），演化速率並不恆定這一點也益顯清晰。地質史上有過許多次比較迅速的**演化輻射**（即演化分枝和實驗的時期），毀滅性的環境變遷和大滅絕事件後尤其如此（如二疊紀三疊紀大災難、白堊紀第三紀隕石撞擊等）。古生物學界也就有點心不甘情不願地接受了斷續式平衡的概念。

不過，顧爾德就伯吉斯頁岩所記錄到的快速演化進展所提出的論證，顯然觸動了道金斯這種極端達爾文主義者的某根神經。（達爾文本人身處此團體是否感到自在，則是不無疑問之事。）我自己的看法是：這一歧異反映出地質學家和生物學家之間的文化區隔。地質學家總是處在地質時間的某處，沉浸在地球「過去」各個時期風格各異的特色裡。生物學家當然知道生物有著深遠的演化歷史，但主要還是在「現在」的時間平面上來看待演化。分子生物學的成功又再導出一種誘人的觀點，即生物就像機械，理當如鐘錶器械一樣可以預測。若生物是在不變的環境背景前生活演化，那演化速率或許能夠維持恆定。但在一個不僅有緩慢周期性變動，還有突發單一變動的行星上，我們又為什麼會期望演化節拍保持穩定？若是演化速率果真恆定，那大概也不會有什麼生物的故事可以訴說或辯論了。從地質學的觀點而言，在遭遇環境挑戰之時，迅速接受變遷的能力，似乎是最佳的演化適應。而在其他的時間裡，其意義不過在於支持下去而已。

顧爾德和康墨里斯、道金斯等人間的第二個爭點，甚至還更為基本，那就是現代生物（尤其是動物）在什麼程度上算得上是最佳設計，抑或只是像標準鍵盤一般，是歷史的非理想產物？[22]這個爭執既深刻又分歧，因為這與我們對自己的詮釋有關。顧爾德的觀點認為，像他們（我們）這般多樣又具有靈巧適應力的現代動物，可以生存於各種環境，簡直就是寒武紀中期演化樂透贏家的基因遺產所能做出的最佳調適。若是可以倒帶，若是「奇特的」伯吉斯頁岩動物反而活了下來，那麼演化的路徑便可能截然不同。[23]

康墨里斯則與此相反，而大大強調**趨同演化**的現象，亦即生命之樹上不同的枝幹，各自獨立演化出同樣的特徵和外型。[24]此類經典例子包括：現代海豚與稱為「魚龍」、泅泳於侏羅紀的爬蟲類動物之間驚人的相似性；或者（構造上長期孤立的）澳洲有袋動物的類型，與世上其他地方胎生哺乳動物之間的對應。這些例子暗示著，某些環境裡只有一種最佳設計，而天擇會耐心地將生物雕塑成那種型態。這種推理的邏輯性結果（康墨里斯所主張）認為，既然我們的特性代表著「所有可能中的最佳」型態，那麼某種意義上而言，人類或似人的生物便是演化上無可避免之事。

此種潘格洛斯式的自我吹捧論證，並不符合其他方面腦袋都很清醒的達爾文主義者的特色（潘格洛斯是《憨第德》中的樂觀主義哲學家）。在我看來，這就有點像是宣稱叉子是最佳餐具，卻渾然不覺世上有一半人都用筷子用得很好。我們並沒有別的世界可資比較演化結果，我們又怎麼知道沒有其他同樣「好」的可能存在？但顧爾德的演化觀只比胡亂漫步好一點，似乎又太過自我輕視。地球生命的進程就跟所有人的生命進程一樣，當然都同時為系統的力量（相當固定的天擇壓力或文化規範）和隨機的力量（盲目的好運或惡業）所型塑。

節肢動物吃節肢動物的世界

現在讓我們回到寒武紀中期那存在焦慮（existential angst）較低，但充滿血腥的海底。眾人對伯吉斯頁岩有所共識的一面，便是寒武紀的某日，伯吉斯生物因一次海底山崩而被掩埋起來時，掠食行為已然根深柢固。發展良好的消化系統和堅硬的外骨骼顯示，這些生物已同時學會吃和避免被吃。有些生物保存得很好，我們甚至可以辨識出他們胃裡的內容物屬於哪類物種。長到〇．四五公尺長的奇蝦（最近開始稱為寒武紀沼澤蝦）是頂級肉食性動物，所能選擇的門比在現代壽司吧裡的選擇還多。

我們沒在化石床中看到埃迪卡拉生物群與伯吉斯類型的生物共存，因此並沒有直接紀錄可知和平的埃迪卡拉王國發生了什麼事。但是，有著埃迪卡拉生物的最晚地層，年代在五億四千三百萬年前；而在中國雲南省澄江縣約形成於五億兩千萬年前的化石床中（比伯吉斯頁岩要早一點），另有些「類伯吉斯生物」出現；這些事實便使人有所聯想。[25]（澄江縣的地層就跟伯吉斯頁岩一樣，是個化石寶庫床，迅速掩埋使動物軀體免於被氧蹂躪，因此身體的柔軟部分也都保存下來。）澄江化石床中有一種甚至比皮卡亞蟲更原始的脊索動物，名為「好運華夏鰻」，也記錄下了狂暴的肉食饗宴。埃迪卡拉生物若不是經由某種現在尚未發現的演化途徑，而演化成這些美食家，就是被出現在它們水域中、有著危險新習慣的新型動物給囫圇吞吃了。有些埃迪卡拉生物（如貌似杯墊的金貝瑞拉蟲）已被暫時假設和較晚的譜系有關。[26]無論如何，食肉者必然有其始祖。也許它們也是寒武紀最底層那隱身的「小甲殼動物」的一員（也就是那些使達爾文大感困擾的小甲殼，因為較老的岩床中看來全無化石）。雖然「小甲殼動物」的種系關聯尚懸而未決，光是它們強硬外甲的存在，便顯示他們是居住於一個有必要自衛的世界。[27]

掠食當然是一種高明的生存策略；相較於直接從海水中收集四散的養分（最終的慢食），掠食者可以迅速攝取其他生物已經適當處理過的大量蛋白質。在絕對意義上而言，掠食沒有好壞的問題，可是一旦引進之後，便會徹底改變生態系規則。肉食性動物可以吃掉（或不理會）草食性動物，但草食性動物既不能吃也不能漠視肉食性動物。這種不對稱，就跟信仰一神教的殖民權力遇上多神地方宗教的情況一樣：多神信仰可以容忍一神信仰，但反之則不然，於是一神信仰就不可避免地成了支配性的體系。此種現象也跟**公共災難**很像，這個詞彙是業餘數學家洛伊德於一八三三年的一本小冊子中首度提出。[28]公共災難的概念為：只要沒人放任過多動物在公有牧地上吃草，一群農夫便可維持下去，但只要有人在土地上多放一隻動物，其他人就看不到自我限制有何回報了。用洛伊德的話來說：「戲劇性悲劇的本質精義並非不幸，而是無情耗用事物的必然結果。」[29]

掠食的早期歲月必然是無情的。但新的世界秩序也導致史無前例的創新：不止出現了保護性的甲殼和外骨骼，還出現了腿、脊柱、眼睛和高超的泳技。[30]至此已沒有回頭路可走；地球上的生命已無可回復地改變了。值得注意的是，原生元早期氧革命和寒武紀大爆發所激起的演化創新，竟有著恰正相反的起源：前者的起源是合作與共生，後者則是無情的競爭。

多腳的多程軍備競賽

從某些方面來說，地球生命故事剩下的部分，都只不過是在修改寒武紀便已確立的設計。氣候改變了，大陸漂移了，隕石撞上了，而二疊紀末期時，整個生物圈都已屈服於等同於血腥毒害的海洋荼毒（參見第四章），但在每次劇變之後，至少都會有一個老譜系再度竄起。中生代竄起的是爬蟲類，而新生代的多數時間裡，竄起的則是哺乳動物。連鳥類都在新生代早期的太陽下得享短暫歲月，也就是噩夢般的「不飛鳥」（Diatryma）（約二．五公尺高，有巨型的勾喙，目前學界認為與「冠恐鳥」〔Gastornis〕屬於同類）以頂級掠食者的身分統治陸地的時候。

這每一個篇章都重述著一場軍備競賽的某種變化。掠食者和獵物被鎖在一場編舞愈形複雜的親密舞蹈當中，每一步都彼此相應，誰都沒有真的獲得實際的地位。泥盆紀時，可怕的裝甲魚類發明了顎，它們的獵物則為了逃遁而長出鰭來。侏羅紀時，肉食性的恐龍愈長愈大、愈來愈凸牙，於是草食性恐龍就長出尖釘和棒狀的尾巴。演化生物學家以卡羅《愛麗絲鏡中奇緣》中的一個角色，將此種現象稱為「紅后效應」。紅心皇后跟愛麗絲說：「在這裡，妳要不斷地跑才能停留在原地。」掠食者和獵物在面對同時代生物時，雖然都與時俱「改」，卻都沒有變得更「適」。

若說紅后效應沒完沒了、令人沮喪，那麼它也是個具有穩定性的現象，其效應就在於維繫生態系的營養結構。但這個原則只適用於在同一個相當穩定的基礎上演化的掠食者和獵物，也只有掠食者和獵物以相同速率演化時，這個效應才會出現。若這些條件中有任何一者不為真，其中一方可能就會從原地跑變成瘋狂亂跑。這不僅是野生生物管理上的一課教訓，對農業和醫學也有其意義。我們在試圖消滅昆蟲敵人時，同時也不小心創造出它們的優良變體（也毒害了我們自己的食物、水和土壤）。同樣地，繼續以目前這種速率使用抗生素，會對致病微生物施加比自然界更強的天擇壓力，於是具毒性的細菌品種就變得更毒。這兩種「蟲」都會繁殖，演化的速率又比人類快許多倍，因此我們永遠都不可能跟上昆蟲和微生物的腳步。也就是說，我們已經調快了紅后跑步機的速度，現在則絕望地試圖要維持自己的立足點。

現代的入侵物種問題，說明了紅后效應不存在會導致的結果。當一種外來的植物或動物，在沒有共同演化的對手和天敵的情況下抵達遙遠的彼岸，其跑步機就變成一道移動走道，使之能夠以較本土生物快速許多的速度橫越陸地，而本土生物只能緩慢步行。但進口相應的掠食者，往往又加劇了環境浩劫。引進全然沒有演化背景的基因改造生物，可能會導致更具毀滅性的後果。自然系統乃是歷時演化而來，每種生物都有其剋星；掠食者和獵物，寄生蟲和寄主，都是彼此勢均力敵的對手。生態系是共同演化物種緊密交織而成的網子，輕易將之拆解、重組或扭曲，不可能不對整體的健全造成嚴重的影響。

地質紀錄中的軍備競賽總會告終，但從來都沒有誰是贏家。相反地，總是有個外來的調停者（隕石、冰河時期、甲烷打嗝等）突兀地改變了「合適」的標準，於是所有勤奮累積而來的精巧武器和防衛，全都變得像荒野裡的信用卡一樣無用武之地。然後，這就變成為舊政權下發展出來的專門機構，尋找新用場的問題。

社區與廢物場

貫穿化石紀錄的每一場軍備競賽，都有「共生共同演化」的反證。例如四億兩千萬年前的志留紀時期，第一座現代珊瑚礁興起了（珊瑚礁就是珊瑚城，有既稠密又多元的海洋生物族群寄居其間）。這些珊瑚礁提供了開闊的海底不可能會有的居住環境和生活方式。梯級式的珊瑚礁結構使生物得以接觸到陽光、更多的食物資源，以及躲避掠食者的保護。在五大湖區裡，某些此種珊瑚礁結構都還見於原地（密瓦基郡體育場的停車場便是一個壯觀的例子）。

海洋退卻之後數百萬年，珊瑚礁都還持續對環境造成影響。志留紀晚期海平面下降，珊瑚礁就形同將淺水盆地的中心地帶（也就是現在的下密西根和伊利湖）隔離起來的屏障。水變得愈來愈鹹，隨著時間過去而沉降出巨量的鹽。這些鹽床有些地方厚達三百公尺以上，密西根州和俄亥俄州北部長久以來都在此開採鹽礦。有趣的是，鹽床的暴露與冰河時期乳齒象骨頭的發現相關。這些巨獸顯然在一萬多年前就發現了這些露出的鹽脈，將之當成天然鹽來舔食。凍原動物依靠古老的熱帶海洋文明存活，那真是一幅近乎文學性的動人景象。即使在今天，志留紀的珊瑚礁還是型塑了地景。珊瑚礁所在的白雲岩床比之下的奧陶紀頁岩更能抵抗侵蝕，因此形成突兀的地景，也就是尼加拉陡崖。這個陡崖環繞著內三大湖，從威斯康辛州的朵爾郡經上密西根半島，一直延伸到安大略湖南部，然後轉下紐約州，也就是尼加拉瀑布所在之處。

偉大的志留紀水下城市建立起來的同一時期，其他生物則遷居到無人居住的郊區，也就是陸地上去。雖然藍綠菌等微生物早在原生元時期，便已居住在陸域的淡水環境中，我們今日所知的那種肉眼可見的陸地生態系，卻要到志留紀才會出現。這片開放的邊土成了植物（最早的苔蘚類和各種充滿活力的物種如木賊、蕨類植物等）的家園。離開水意味著不僅要發展出保持水分的策略，也要發展出支撐身體、調節體溫、食物採集和繁殖的策略。這些早期的非海洋植物簡直就是為第一批陸域動物（主要是昆蟲和早期的蜘蛛）馴服了陸地，後者自植物所提供的遮蔽、食物、濕度和溫度調節中獲益良多。[31]到了三億五千萬年前的石炭紀早期，陸地森林生態系的多樣性已如海中前輩一樣豐富，成千上萬的物種都享受著社群生活的好處。

昆蟲與開花植物間的雙人舞，是地質史上另一個夥伴關係的光榮範例，約存在於一億三千萬年前的白堊紀。開花植物（被子植物）如何源自較老、繁殖上較為簡單的裸子植物，至今仍不甚明朗（達爾文稱此為「可憎的謎團」）。但不論其起源如何，一旦被子植物提供食物來交換昆蟲授粉，其結果便極為驚人。紐澤西州等地的白堊紀黏土床，記錄下了昆蟲與被子植物同時且爆炸性的多樣化歷程，是合作行為極富演化創造力的見證。今天，所有植物物種中，超過百分之九十九都是被子植物（據估計，被子植物約有二十五萬種，裸子植物約只有一千種）。

更驚人的是，昆蟲物種的數量，比動物界中其他所有類別的物種**加起來**都還多。[32]

若是不訴諸目的論（指向性或目標導向的）解釋，就很難說明演化史上的某些創新。例如鳥類翅膀和羽毛的起源，便是演化理論上的經典難題。這個謎團在於：半個翅膀是不好的，但翅膀（或任何複雜的特徵）又怎能以羽翼豐滿的型態出現呢（「羽翼豐滿」在此正是取其字面意義）？答案必定在於**多機能性**裡，也就是一個結構具有多種功能的能力，就好像從廢物場中找來一個破爛，再將之拿去做新的使用。最近在中國遼寧發現了一種帶羽的四翅恐鳥混合種，這支持飛行始於四足動物在樹間滑翔（有點像現代飛鼠的滑翔）的看法。[33]（有趣的是，一九一五年便有一位動物學家提出假說，稱這種「四翼鳥」可能是鳥類與恐龍間的過渡物種，但他的理論卻被人拿石頭給活活砸死了。）[34]羽毛可能演化自爬蟲類的鱗片，看來似乎早在被用於滑翔或飛行之前許久，便已存在於某些恐龍家族當中，可能一開始是被用來當作熱調節器。[35]可以重組而用於別種目的的多功能身體元件，顯然賦予擁有者很大的優勢。

矛盾的是，生物高度創新的能力，可能來自於極度的保守，也就是保存舊的多餘部分、記得過去用過的技巧。在理解「追求穩定」和「必要的改變」之間的交互作用方面，演化分子生物學已與古生物學形成重要的互補。生物（包括人類在內）的基因組定序日漸精細，這顯示有大量的垃圾DNA串存在，也就是那些沒有明確用途、重複且多餘的基因片段。這些DNA單元稱為**插入序列**，占人類染色體比例達百分之九十五以上。後來發現，有些此類「不必要的」片段，包含一些標記序列，可供預測一個人罹患疾病的可能性。（因此，現在大家都兇猛爭搶著要就插入序列申請專利，令人聯想起寒武紀掠食行動曙光初露之時。[36]這種行為與就一種礦物或一種三葉蟲物種申請專利一樣地荒唐、不道德。）最近，我們的細胞會願意拖著一大堆全然無用行李的看法，受到哈佛大學醫學院一個研究團隊的挑戰。[37]研究人員發現，酵母基因組中的垃圾基因，具有將鄰接基因功能關閉的作用。[38]若其他的插入序列也是如此，則垃圾DNA其實可能是一種強而有力的機制，使生物得以保持基因組的彈性。也許我們的基因記得過去的教訓，並為了不可知的未來而永久地將之儲備起來。

新的，舊的，全部都是借來的

我們的演化史上充滿了矛盾。化石紀錄顯示，合作跟競爭都是同等有力的演化創新來源，和諧和競爭也都同樣會促進穩定。微生物間的內共生合併創造了第一個複雜細胞，性讓基因實驗變得更有效率，掠食激發了現代世界多數動物所共享的軀體藍圖，共同居住在珊瑚礁或陸上生態系裡，提供了新的向上流動機會，但同時也有其危險。

保守和創新在演化中奇異地交織在一起。繁殖行為努力要忠誠地複製經過完善測試的基因，但錯誤和異常卻提供了改良的可能。想要成功，就得行走在謹慎和冒險之間的刃緣上。要固守一個可信賴的方案，但可千萬不能自滿！要了解過去，但也得為改變做好準備。記得將多餘的部分留在手上。

新舊之間的緊張反映的是地質時間的雙面特性：周期性和重複性，以及相對的線性和單一性。某些支配著生物的規則永遠都不會改變（如重力），有些會隨時間緩慢地循環（氣候通常是這樣），有些則是短暫但毀滅性的天譴（如隕石撞擊）。但從沒有生物能夠自外於物理及演化環境而演化。

我們的意識所創造的科技，使我們得以不受自己身體構造的限制，在這個意義上而言，人類的意識可謂是寒武紀以降第一個真正的創新發明。或許更重要的是：意識使我們得以超越我們所處的地質時刻，一窺地球史的偉大軌跡。但我們才剛開始了解地球的歷史，和地球歷史在我們基因中所留下的深刻印痕。就意識所具有的力量而言，若它使我們產生一種幻覺，自以為能夠免於永遠宰制著生物圈的規範，那它就可能變成一種病態。認為我們可以操縱演化已然進行了四十億年之久的工作（並預期結果可以預期、可以受控制），這種信念正是我們年幼無知的表示。天真地撥弄如此古老的系統，是愚蠢、傲慢又危險的行為。

第六章　強與弱*

勝人有力，自勝者強。

——老子《道德經》

大自然是仁慈的、惡意的，還是中立的？最終可被理解，還是無限地複雜？是可預測的還是混亂的？是美麗的還是令人厭惡的？是健壯的還是脆弱的？這些答案都與時而有不同。現在回顧起來，科學上對地球的看法，在過去三個世紀間已有改變，這顯示出西方政治、社會觀和當代的科學「真實」之間，存在著一種強烈的關聯。這種關聯應當會使我們察覺到，我們在歷史上的任何時刻對這座行星所抱有的理解，即便在最好的情況下也不完整，而在最壞的情況下，則是無可救藥地只專注於我們自己的自我形象。

* 本章取自 Jill Schneiderman 所編輯的 *The Earth Around Us: Maintaining a Livable Planet* (Western Press 2003)，內容略有修改。

十八世紀早期那無所限制、混亂、險惡的地球，已逐漸轉變成十九世紀可測量、機械式、可馴服的地球。在社會受到求生掙扎桎梏的年代，科學深信可以馴服地球，也可以強迫地球釋出史無前例的慷慨饋贈。這種誘人的看法在二十世紀的多數時間裡繼續流行，但之後地球便開始變得脆弱而有限，更需要儉省和管理。如今，關於地球的新科學觀正在成形，諷刺的是，這觀點有一部分卻是回歸到一七〇〇年代的前科學圖像。地球再度變得無法測量（其複雜度在許多尺度上都無限大）、無法支配。另一個諷刺是，科學和社會的角色也對調了。如今根深柢固的消費文化之運作，好似將地球占為己有一般，而科學則開始了解到，我們占有地球不過是最近的事，而且大概也只是短暫的占有。同一時間，地球似乎正在採取自己的措施，來彌補過去三百年間魯莽房客所造成的損害。這次科學是對的嗎？為什麼要花這麼久的時間，才又再度發現我們很久以前就已經知道的事呢？我們到底有沒有學到半點東西？現在又該怎麼辦？

地質學出現之前的地球

到了十七世紀晚期，科學革命已然上路。牛頓以同樣運作於地球上的基本法則拴住了天體、駕馭了它們，但地球本身依舊未被馴服。地質學尚未興起，還不是有著確切假定和常規的特定領域，多數討論地球形成及地景的論文，都不過是巴洛克時代《聖經》故事的變化版本。一些著作以虛構的細節描述型塑了地球的大災難，例如朔伊希策那附有插圖的《神聖的物理學》，便是天真的古生物學觀察、半科學性推理和《聖經》字面解讀的混合體。[1]對朔伊希策等人來說，地球的現在與過去是分離的，適用於原初時代的是不同的規則，而且不管怎樣，這些規則都不必然能被人類智慧所理解。自然之力是善變的，為易怒者之手所操控，這名易怒者後來則被美稱為上帝。

當時的人認為荒野如怪物般殘暴。山岳被認為是病態，是「地球顏面的疔瘡」，這種診斷跟今日它們所具有的那種莊嚴非常不同。[2]《地球的神聖理論》是深具影響力的神學家兼博學家伯內特，於一六八〇年代撰寫的一系列書籍，其中稱山脈和峽谷是在一度平滑無瑕的「俗世之蛋」上所留下的傷痕，重創地面而釋出了諾亞的大洪水。[3]伯內特的地質學主張，在現代讀者看來荒唐可笑，且至早在一八三〇年，萊爾便在回顧地球理論時對之格外嘲弄。[4]但誠如顧爾德所言，伯內特的方法是科學的，至少也是理性的，他試著要以此種方法，將神聖與世俗知識統合成一個單一且內在一致的敘事。對伯內特及其當代人而言，地貌的粗糙不平是對人類邪惡的一種表示，也是一種懲罰。

人類置身於這險惡的物質與精神環境裡，只能想辦法照顧自己。在前工業時代，使用動物、植物與礦物貨品（當時尚未被稱為資源），比較是地區性的偶發事件，而非有系統的開採和分配。人類對地貌的演化和礦脈沉積的起源一無所知，因此只能依靠天賜好運來發現、萃取可用的地球物質。開墾土地是人類對所生產物品的種類和數量，能夠施加直接控制的少數活動之一，因此以農業為基礎的社會結構，便成為西歐經濟與政治體系的樣板。

洛克的《政府論次講》（一六八九）在英美政治史上都是深具前瞻性的文獻，將十七世紀晚期的觀點表達得淋漓盡致，那是一種對土地等財產的「自然」權利，所抱有的農業聖經式觀點。洛克認為地球是賜予人類的神聖禮物，但並非伊甸園。他將大自然描寫成一名吝嗇的供應者，他並且反覆宣稱，在人類辛苦投身於土地之前，土地都沒有什麼內在的固有價值：

> 這勞力賦予土地最大部分的價值，沒有了勞力，土地幾乎就沒有價值……大自然和地球只供養本身幾乎毫無用處之物。[5]

此外，洛克還論道，開發土地乃是上帝的旨意：

> 上帝將世界賜給人類共有；但自從祂為了他們的利益和他們生活的最大方便，將它賜

給他們之後，他們便能夠自其中有所獲得。我們不能認為祂意在令其永遠保持公有而不被開墾。[6]

而且，當一個人開墾了一小塊土地，整個社會都能受惠：

為自己而占用土地的人，並不會減少人類的公共蓄積，反而會增加它……因為一畝圍起開墾過的土地，為了支持人類生命所生產出來的糧食……比一畝同等肥沃卻荒廢的土地所生產的還要多十倍……因此，圈起土地的人自十畝地中獲取的生活便利，遠比他能自一百畝留給大自然的土地中獲取得更多，這樣的人便可說是真正貢獻了九十畝地給全人類。[7]

在洛克的觀點中，唯有透過苦工與汗水才能贏得地球的禮物，但這些財富本質上卻是無限的。人類勞動是資源可得性的唯一限制，而人類負有開墾、馴服土地的道德和社會義務。當時的人還不具有滅絕和耗盡的觀念。

命名與繪圖

偉大的十八世紀瑞典生物學家林奈，將生物世界組織成有條不紊的階系，其間每種生物都有個名字，都在生命家譜中占有一席之地，由是確立了自然史各個分枝的課題。為事物命名是種近乎神聖的行為，是一種賦權且令人滿足的工作，而分類學（及大量的標本剝製）也在十八、十九世紀成為新興自然科學的主軸。維多利亞時代的自然史博物館體現了科學時代的精神；這些建築裡塞滿了填充過的鳥類、骨骼、化石、結晶等大自然奇珍，被命名、被馴服、埋葬在玻璃匣子裡。

地質領域中可資分類的東西（岩石、礦物、化石、地形、礦物沉積、摺皺、斷層等）之多，使這項工作一直持續到二十世紀。由於無法對這些特徵的形成，提出統一的起源模型，分類架構便使人對大自然的變化性，抱有一種有限且穩固的安心感。有些地質學實體（如礦物）很容易便落入定義明確的分類範疇，而十九世紀那些關於礦物的博學論文（如一八六九年耶魯大學教授戴納那卷帙浩繁的《礦物學手冊》）至今都還在使用，乃是史上同類概要書籍中最為完備者。[8]但其他的地質現象則拒絕被分類，連當時最聰明的人，也掙扎著要確立理想化的柏拉圖式分類範疇，好為難以駕馭的現實罩上結構。

由於經濟上的重要性，發展出一種普世的礦物命名法則在當時是第一要務，但後來證明了這實在是出了名的困難（某程度上而言，至今依然如此）。以發現於某一特定地區的礦物為基礎的礦石譜系理論都各有特色，而分類架構總是與這些理論夾纏不清。

十八世紀晚期的歐洲到處都是礦業學校，德國、瑞典、法國的學程更是格外蓬勃。許多學程都只由一名遠見思想家和學徒組成，由學徒協助宣揚大師的體系。[9]德國佛萊堡的「水成」學派是由莊嚴的韋納（一七五〇～一八一七）領軍，他提出所有岩石和礦石沉積都自海水沉降而成的概念。而在瑞典的烏普薩拉，華勒流斯（一七〇九～一七八五）執著於古老冶金學的金屬質變信念，而提出了一個現代觀念，認為了解礦石礦物的關鍵，在於其化學特性（而非顏色等外在的屬性）。在巴黎，由藥材商轉行成為礦物學家的魯埃（一七〇三～一七七〇）和他更為知名的學生拉瓦節（一七四三～一七九四），也發展出關於岩石和礦石本質與分布的早期理論。

不過，這些理論只有少數對真正的採礦實務造成影響；礦工的經驗和直覺大體上還比較可靠些。但這些礦業學校卻標示著一種重要的新哲學：地球及其礦物資源是可以分析的，最終也是可以理解的。

赫登的均變說原理（參見第二章）是以他在愛丁堡和蘇格蘭邊界所觀察的岩石為基礎，之後再將地球「合理化」而成。他對西卡角非整合的解釋及其所「發現」的時間深處，顯示主宰地球過去的物理定律，也同樣主宰著現在。（赫登的觀察也記錄下火成岩的存在，這是對韋納等水成論者的一記重擊。）赫登的著作似乎肯定了地球的行止有其邏輯而且可靠，或許不是一成不變，但卻能夠為人所理解：

在這個球體的固態部分觀察到明顯無序和混亂的哲學家，現在導出一些結論：以前地球的組成裡，曾經存在過一種較有規律也較一致的狀態；過去曾發生過一些毀滅性的改變；地球的最初結構，已被不論是自然或超自然因素所導致的某些猛烈活動打斷和干擾。此類結論都是由地形外觀推導而得，而現在，在我們努力要建立的理論當中，所有這些地貌都有了最完美的解釋……在解釋實際存在之物時，根本就不需要訴諸任何非自然的邪惡假說、任何大自然裡的毀滅性意外事件，或超自然原因的介入。我們很滿意地發現，大自然有其智慧、體系和一致性……我們當前詢問的結果便是：我們並未發現開始的痕跡，也看不到結束的可能。[10]

科學闡釋的時代與歐洲人在美洲、非洲和南太平洋殖民定居的時間相一致（也一向被用來當作這些行為的合理化藉口）。探險行動的目的，是要記載下邊土的動、植物和礦物寶藏。露易與克拉克所帶領的一八〇三至一八〇六年北美考察行動，留下了一些細節豐富、有著細心插圖的筆記本，正是這些官方委託製作的報告當中最好的一批。在美國，為了評估並測繪全國的資源，聯邦和州都成立了地質調查處。這些機構負責進行普查，也就是從事計數和估價，對無限和模糊的有限做出推算。

地質調查處主任鮑爾（他本人曾領導過一次大規模的美西地質探查）於一八八八年向國會提出第七屆地質年度調查報告，他在其中提到，製作精確美國地形地質地圖的計畫，在戰略上所具有的重要性。[11]鮑爾是第一個繪製科羅拉多河下游和大峽谷地圖的人，他對地圖的力量大感讚嘆。地圖就跟分類架構一樣，賦予使用者一種自己擁有所繪題材的感覺。地圖將荒野微型化到可以握在手中、可以用心眼去觀看。

地圖與調查對一八六二年的「美國公地放領法案」和一八七二年的「公眾採礦法」至為重要，兩者都以洛克的原則為基礎，認為任何耕耘一小片土地（且能界定其範圍）的人，便是該土地的合法擁有者。公地放領法案一直沿用到二十世紀（直到一九七七年才廢止！），公眾採礦法直到今天都還有效。公眾採礦法是駭人的過時立法，現在仍舊容許任何人能以低於每英畝五美元的費用，在公有土地上搜尋並萃取礦物，卻完全沒有考慮到此舉可能導致的環境損害。

這些聯邦政策及其背後的哲學，也導致史上最嚴重的體制性社會不義——美國政府一再地違反與北美原住民族所簽署的條約。[12]這些原則都是洛克財產權加值原則的思想外延，亦即能夠理解、命名和測繪自然的人，就有權剝削自然，但原住民的命名和認知體系卻不被承認為合法。

機械式的地球

到了十九世紀初期，機械化已開始改變人類與地球之間的力量天平。機器大量地增加，似乎可以無止境地強化人類的力量。機器那無心智的自動裝置形象令人毛骨悚然，是一種強而有力的潛意識圖像，象徵著我們一知半解的事物。因此，一旦確認了地球的成分、了解其運作方式之後，地球也就很自然地被視為一部大型機器。[13]（浪漫主義頌揚大自然中所有野生、非機械之物，而到了一八〇〇年代早期，此種機械比喻之穩固，已足以在文化上醞釀出對浪漫主義的反抗。）赫登均變說原理所隱含的周期性，與蒸氣年代的卡榫和飛輪產生共鳴（赫登正是蒸氣引擎發明人瓦特的好友）。雖然赫登主張以「活機器」這半機械式的詞彙，來描述他對有能力自我更新、自我修復的地球所抱持的觀點，其追隨者（包括萊爾在內）卻拋棄了那令人窘迫的「有機」形容詞。萊爾在《地質學原理》（一八三〇）中對地球運作特徵的說明，就好像驕傲的工廠老闆在描述其製造工廠：

我們的地球大致上是穩定的，這大概要感謝熱量、固體與氣態物質一直不斷地排出；若非熱量的增加和排放之間有著某種平衡，我們便可預期將會出現永久性的混亂……但熱從內部到表面的循環，大概是像水從陸地到海洋那般受到調節，只有在某種阻礙發生時，大自然原來的平靜才會被打斷。[14]

萊爾的地球機器是良性的、有效率的，除了有東西卡住的偶發狀況外，都在穩定狀態下忙碌著。但就算發生問題，也很快就會回復正常運作。這種機械式的形象，予人一種可在新層次上掌控大自然的感覺；只要能夠了解箇中機制，結果便屬可知。數學家拉普拉斯在一八一四年的《哲理》當中最是信心十足地提出此種觀點；他斷言道，如果大自然中所有的力和物體都可計數，「就沒有什麼會是不確定的，未來和過去都將呈現在眼前。」[15]

在之後的十九世紀裡，關於未來的知識開始變得較不具吸引力。隨著熱動力學的興起，大家了解到地球壽命有限，有朝一日龐大的引擎將會耗損，會嘎吱作響地停頓下來。克爾文爵士對地球年齡著名的（錯誤）計算（參見第一章），也暗示著未來有限，地球乃是無情地朝向熱平衡而演化。[16]

機械式的地球模型確實在許多方面都很成功，我們因此能在地球史那風格別具的細節中看出反覆出現的規律。二十世紀中葉，地球機器變得有點複雜，多了一組以漂移大陸的型態出現的移動組件。在多數地質歷史書中，板塊構造革命都被形容為一種頓悟，一種科學上的成熟，是典範式的典範移轉。拒絕承認板塊構造在智識和實務上的重要性，是一種荒謬的行為。以經濟方面為例，板塊理論最終向礦業資源提供了韋納等人曾試圖找出的統一架構；但就其背後的意義而言，板塊構造說只不過是十九世紀主題的細節闡述而已。

不可思議的縮水地球

馬爾薩斯的《人口論》（一七九八）是十九世紀伊始之時，就今日所稱的「非永續資源使用」所提出的唯一警告。馬爾薩斯的論文獲得廣泛的閱讀，在整個十九世紀，其「無人性的悲觀主義」和「令人厭惡的原理」幾乎受到全世界的批評。[17]恩格斯稱之為「卑鄙無恥的學說……對人類和大自然的可憎褻瀆。」[18]達爾文是少數願意考慮馬爾薩斯觀點意涵的人。他了解到，馬爾薩斯的中心概念（過度多產將導致資源競爭）可能是天擇演化的驅動力。[19]達爾文雖然強調稀少性在生物體互動上的影響，但他和其同時代的人，並不特別關心資源的最終有限性和可能產生的資源耗竭。例如達爾文敢言的弟子赫胥黎便於一八八三年主張一種信念，認為北大西洋漁場事實上是無限的，「自然抑制」永遠都使資源可以「在永久耗盡之類的事情發生之前很久」便行回補自身。[20]馬爾薩斯的理論超越其時代一個世紀以上。

但地球機器飛轉進入二十世紀後，便開始出現可能令萊爾感到困擾的脆弱徵兆。一九三〇年代美國的塵暴乾旱區（Dust Bowl，指的是美國中部大平原的一部分，大致上包括科羅拉多州東南部、堪薩斯州西南部、德州與奧克拉荷馬州的鍋柄形突出地帶。這一帶開墾過度，遇到乾旱及大風時，耕作層被吹走，便會形成席捲美中大平原的沙塵暴。）是個警訊，使人意識到重要資源耗盡的速度有多快。不久前還很蓬勃富饒的農地突然間變得病弱貧乏；水土保持成了聯邦第一要務，如今資源成了有待管理之物，以前懷抱的資源無限的幻覺，再也無法維持下去了。李奧波呼籲農夫、選民和政策制定者要改變想法，不要再視土地為機器，而要將之視為與我們有著古老關係，且我們對之負有道德義務的有機活體：

土地倫理擴大了社群的疆界，土壤、水、植物、動物都包括在其中，或者整體說來，就是包括了土地……〔土地倫理〕以土地是個生物機制的圖像為前提……〔而且〕也將智人征服土地社群的角色，轉變成土地社群的單純成員和公民。土地倫理意味著要尊重社群成員，也要尊重社群的本身。[21]

但李奧波也跟馬爾薩斯一樣，只為少數同時代的人所理解。二次世界大戰的危急情況，和一九五〇年代歐斯底里式的消費主義，又使人再度擁抱無限性的幻覺。一九六二年瑞秋・卡森出版了《寂靜的春天》，此事通常被稱為是標誌著公眾再度意識到大自然的恢復能力有其局限的事件。之後的一九六〇年代和一九七〇年代裡，環境運動的論述也變得愈來愈悲觀。

一九七〇年代地質學入門教科書的書名，透露出一種幽閉恐懼症式的偏見，認為地球是一個封閉的系統（又一個十九世紀熱動力學的觀念）、人類與地球之間存在著敵對的關係，如《人類的有限地球》、《地球局限》、《地質學：地球與人類的矛盾》等。受歡迎的書名則帶有浩劫感，如《人口炸彈》、《成長的極限》、《未來衝擊》等。[22]過去豐足寬敞的地球突然間就變小了。當時一本普及的地質學教科書是這麼開場的：「本書探討脫韁野馬似的人口成長，在一座體積不可變動但資源固定或縮減的星球上，所引發的環境問題。」[23]

阿波羅月球任務中看到的地球，是一顆漂浮在太空中的藍球，這強化了有限的感覺。阿波羅十四的太空人米契爾說道：「當你身在太空，回顧我們的行星，那真是奇妙地令人感到印象深刻，使你不由得不領悟到地球是個封閉的系統——你不會有無限的資源，空氣和水都只有這麼多而已。」[24]

這些話語背後有著一種古老的恐懼，擔心一朝醒來，發現食物櫃裡空無所有，年老又脆弱的地球母親再也無法供養她的孩子。

鬆綁地球

但災難遲延了。一九七〇和一九八〇年代《人口炸彈》所預言的全球性飢餓並未發生。《成長的極限》預測銅等戰略金屬將於一九九〇年代耗盡，但關於這些有價物品短缺的報告似乎多半都誇大了。經濟學家西門於一九八〇年向生態學家艾爾利希挑戰，跟他打賭五種金屬的價格在未來十年間將會產生怎樣的變化。艾爾利希預料數量不斷減少會使價格在之後的十年間揚升，西門則預測價格會下降，而且他還贏了這場賭局。[25]有限性是怎麼搞的？

《成長的極限》是由美國麻州達特茅斯市的「羅馬俱樂部」所出版，書中努力嘗試以模型來說明彼此繁複相連的實體，其體系的使用深具開創性。該書核心的「世界模型」裡充滿了圓圈和箭頭，在當時顯然是最具野心的嘗試，要將自然、經濟、社會變項都整合在一個單一結構下。世界模型就跟近三世紀前伯內特的《地球的神聖理論》一樣，即便有些天真，但還是嚴肅地試著要創造一種單一一致的地球觀。《成長的極限》一書的局限（其中有些在書出版後一年內便被注意到），主要來自於書中對十九世紀觀點所抱持的信念，該觀點認為地球是可以量測的，也是機械式的。[26]但測量和機械主義這些安慰人心的概念，卻已史無前例地變得非常有問題。

一九六七年曼德布洛的碎形幾何概念（參見第三章）顯示，即便是測量海岸線這麼簡單的事，也可能非常詭譎，因為答案要視你所使用的尺有多長而定。[27]你的衡量標準變短時，海岸線似乎就變長了。銅還會存續多久？地球可以供養多少人？這些都要看狀況。若你將價格定高一點，銅就還會多存續幾十年。如果多數世人都變成素食者，地球就能多供養一、二十億人口。只要你靠近一點看、多付一點錢、接受替代品，或是願意費心做回收，那麼你在尋找的東西就總是會變多一點。洛克斐勒大學的寇恩曾說：「生態限制不是像天花板一樣，而是像取捨交易一樣。」[28]回饋機制的全球交易市場可能會給我們多一點點時間。資源依然有限，可是資源變稀少時，價值就提高了，但唯有在市場價值能夠反映收取和萃取資源的全部真正成本時，情況才是如此。浩劫不會是突如其來的顛簸，而是漸進式的無情擠壓。不幸的是，人類直到太晚之前，很少會回應甚至注意到這種慢動作的危機。

我們可能不再對測量海岸線抱有信心，但為這座行星鑑價依然可能。寇斯坦沙及來自世界各地的十二名生態學家和經濟學家，在一九九七年發表於科學期刊《自然》的一篇大膽論文中指出，貨幣單位可能是適當的地球度量，全球市場作用力似乎就跟磁場一樣強大不可抗拒。將所有東西都加總以後，「世界生態系服務及自然資本」的估計價值為三十三兆美元，約為全球國際生產毛額的兩倍。此種分析乍看之下粗糙得可怕，但重點並不在於以嚴格的經濟考量來做出環境決策，而在於經濟活動（如燃燒化石燃料、市郊擴張等）之內隱藏的環境成本必須為市場所知。寇斯坦沙及其共同作者主張，他們的分析有兩種實務上的應用：（一）協助各國和國際組織修正「會計體系，令其變得更好，能夠反映出生態系服務與自然資本的價值」，以及（二）就政府和商業活動進行估價，這些活動中，「一項特定計畫所帶來的好處，還必須經過生態系服務損失的加權修正。」他們承認此種作業在某程度上來講是荒唐的：

我們承認，要做出這樣的估算，其中有許多概念和經驗上的問題……沒有了支持生命的生態系統，地球經濟體將會漸趨停頓，因此在某種意義上而言，它們對經濟的總體價值為無限大。[29]

要解決全球環境問題，控制全球市場的力量是唯一可行的方案，這樣的前提已被愈來愈多的環境主義者所接受。[30]在某種意義上而言，將環境實體也納入會計表單和年度報告當中，乃是前科技時代世界規則的再確立，在這樣的世界裡，卡路里就是貨幣，在有價之物變得稀少時，生物圈的所有成員都得付出更多卡路里，不然就得演化。

李奧波可能對此存疑；他在近六十年前曾經說過，若是沒有「倫理來增益和指導經濟與土地的關係」，任何經濟誘因體系都不可能會成功，而發展此種倫理的關鍵，就是要「放棄將土地使用視為單純經濟問題的思考。」但經濟政策可能實施得比倫理體系快速，或許透過將環境度量轉換成貨幣體系，就算道德習俗不變，行為也會跟著改變。不過，這些貨幣度量具有權宜和不精確的本質，我們也必須始終牢記在心。

同一時間，大自然也開始抵抗測量，地球機器已顯露出行為不可預測的徵兆。在數學家拉普拉斯的傳統下，許多現代科學家都持續擁抱著一種觀念，認為了解大自然法則（抱著使用者手冊），最終就會變得無所不知。例如生物學家威爾森最近便說他「有著遠比工作假說更深刻的信念，認為世界井然有序，可由少數自然法則來解釋。」[31]但即便這些法則為數很少，可能出現的結果的數目卻可能無限多，就算有秩序存在，也不過是短暫的秩序。[32]這些都是地球氣候研究中所浮現的教訓，如克爾文平衡熱動力學的混亂和非線性數學，便是對地球氣候特徵的較佳描述。[33]即使我們能夠建立並啟動一個完善的氣候系統模型，由於可能隨著模擬時間而改變的變項之多，其輸出結果也未必就具有意義。那種無所不知、一切確定的拉普拉斯式觀點，已然讓道給統計機率和風險評估。（任何對全球暖化的真實性存疑的人，最好去向保險公司的統計學家詢問一下。）

同樣地，我們閱讀的化石紀錄也告訴我們，生物從來都不是朝向更好的設計而演化，而是一系列的緊張和鬆弛，因意外而受打擊，因災難而有起伏。[34]大自然顯然與萊爾的觀點相對立，並不花時間在休息上，它若不是原地踏步，就是在回應最新的環境變遷。那麼平衡又是怎麼搞的呢？

如今科學家在針對某些生物和地質系統的研究中，通常都採用以狹窄門檻所分割的複數平衡態，而不採用單一獨特的平衡態。在這些模型當中，一個顯然很穩定的系統，即便只受到相當小的干擾，也可能因為觸動了潛在的回饋機制，而引發整個系統的重組。舉例而言，北大西洋鹽度相當微小的變化，便可能啟動或關閉海洋溫鹽循環。同樣地，製造氣候模型的人也懷疑，北極地區關鍵溫度的提高，可能就會導致如今貯存在凍原土壤中的泥炭物質迅速分解，隨之釋出的大量溫室氣體，則會進一步提高全球溫度（此種場景之悚然，令人聯想到雪團地球時期和二疊紀、三疊紀大滅絕之後的極度溫室情況）。[35]自然一度看似平靜溫馴，但如今卻很容易受到挑釁，而且正在反噬。

有些科學家已經開始質疑，即便應用到自然體系上的平衡具有限制，其有效性又有多少？拉畢諾簡要敘述了此一觀點：「自然是無數意外事件的累積，而不是某種潛藏的和諧。事情最終可能變得非常不同。生態系總是以新的型態變動、消解、轉換、重組。」[36]

其他人則指出，對自然平衡概念那種多愁善感的情緒，已然損及環境政策的信譽：

古典的生態學平衡典範⋯⋯已然失敗，這不只是因為平衡狀態在自然中很罕見，也是因為我們過去無能將異質性和規模的多樣性，也計入我們對穩定的量化表述裡。圍繞著這些平衡和穩定原理所建構起來的理論和模型，已然扭曲了資源管理、自然保育和環境保護的基礎。[37]

若自然中真有穩定可言，它也不是靜態的，而是一種更微妙、動態、非持久的恆定。

地球機器看來複雜得非技工所能理解。現在我們是否要跟浪漫派詩人一起承認，機械比喻無法描摩自然的全部深沉？地球科學看來已經準備好，要返回赫登那將地球描述成活機器的半有機觀念。十九世紀末期赫登的觀點，與二十世紀末期洛夫洛克將生命置於全球氣候系統和地球化學循環中心的蓋婭假說（參見第一章），兩者之間有著驚人的相似性。[38]儘管蓋婭尚未全然為科學界所接受，地球女神已偽裝成地球生理學，以較不具爭議性的方式從後門被引進。[39]無論如何，地球的力量和精神看來都已經恢復了，人類未來會怎麼樣則比較不明確。

科學對地球的看法在很多方面都繞了一圈，又再度回到三百年前。人類在好幾世紀之間，都對善變又寬廣的地球所具有的力量和規模感到恐懼。然後我們經歷了一段天真的自我誇大期，在這段期間，我們就跟聖修伯理的小王子一樣，主宰著一座大小足供我們探索、征服的行星。而後我們有點突然地發現，我們被自己粗心的探險造成的災難所圍繞，我們所在的地球似乎正在縮小。但我們若停止不看，我們便可能在地球的每一粒沙和每一個活細胞當中，再度瞥見無限大——地球是座古老的行星，曾經既仁慈又惡意、可理解又複雜、可預測又混亂、生機蓬勃卻又脆弱。

終曲　地球的過去和未來

如果人少花點時間證明自己能夠勝過大自然，而多花點時間品味她的甜美、尊重她的年紀，那麼我會對人類將擁有光明的未來感到比較樂觀一些。

——懷特

我們人類希望地球簡單、可預測、可掌控，尤其是在我們的存續變得不確定的時代裡，有此期望並不足為怪。但如今我們知道這座行星並非如此，我們對未來世代的存續負有責任，就好像以前我們認為地球有此責任一樣。雖然地球科學已開始肯定某些較老的地球觀，但其實我們了解的遠比一七〇〇年多。矛盾的是，最重要的發現可能是：地球的某些面向可能永遠都不可知。我們的地圖總是不完善，我們對地球年齡的最佳判斷依舊還有不確定之處，我們對起源的追尋永遠無法導向一個確切的起始點。然而，只要我們記得，嘗試去理解這無限複雜的世界，只不過是更廣大、更深沉事物的局部圖像，那麼這些嘗試就不會徒勞無功或沒有意義。

有什麼是我們所確知的？我們確知：我們居住在一座古老的行星上；地球的面貌在地質史

上不斷改變，但整體說來，地球一直是個宜人的所在；地球那難以置信的平和，是因為岩石、水、生命的力量彼此相當、勢均力敵；穩定性來自於有效率的循環、來自混合均勻的大氣圈與水圈、來自有許多互動層級的多樣化生物圈、來自合作與競爭、創新和保守。我們知道在某些罕見的情況下，地球系統曾變得極不穩定，儘管地球總是能自這些發作期間恢復，復原卻可能要花上好幾百萬年的時間；這種全球性的不穩定期通常有滅絕事件尾隨而至，之後則伴隨著爆炸性的演化創新。我們也知道，人類在某些地球系統中所造成的變遷，其速率與最具毀滅性的地質災害相當，甚至猶有過之。以每世紀的物種數來衡量的話，目前的滅絕速率大概與地質史上最嚴重的大滅絕事件相當。[1]即使以地質標準而言，當前大氣化學組成變化的速率也算很極端。

有些類型的人為變遷根本就沒有前例。比方說，最近一份針對衛星影像的分析便顯示，美國大陸上「已建築」的總面積，已跟俄亥俄州的面積一樣大。[2]地球表面從未被這麼多以不具透水性為設計目的的物質（混凝土、鋪築路面、建築物）所覆蓋過。[3]這些表面不僅降低了降水流入基底成為地下水的比例，也改變了地表的反射能力、生物多樣性，以及土地的碳儲存能力。這些改變不盡然全都不好，但卻會以微妙且無法預知的方式，與其他自然和人為的環境變遷產生互動。下一波大型的「演化輻射」，可能是適應郊區混凝土世界的動、植物的演化——

能夠抗除草劑的蒲公英、超級蚊子、過多的鴿子、浣熊和喜歡吃薯條的老鼠，都在這個快速成長的環境地位中有著許多機會。同時，我們的後代花在購物中心和虛擬電腦世界的時間，則超過花在任何類似自然生態系之處的時間。

科學怪人象徵著人類企圖操縱生命的恐怖後果。但在瑪麗・雪萊的《科學怪人》當中，真正的恐怖和悲劇性，來自於怪人意識到自己沒有同類、沒有記憶、沒有自己的歷史感。他與任何其他生物都沒有關聯，他那無可安慰的悲哀和寂寞，於是演變成毀滅性的憤怒。我們對自然世界的干預，已然以詭異的方式改變了生物圈。但我們對自然的無知，使我們幾乎就要扮演起科學怪人的角色——沒有過去，而且除了自己的欲望、情緒和發明以外，什麼都不知道。

有時候我會想像人類將留下怎樣的地質遺產，那記錄了我們這全新世晚期的地層組成將會是何模樣。什麼東西會存續得比我們更長久？混凝土；銹蝕的鋼筋；為數不少的塑膠；無法識別的黏糊物體；核廢料；過去三個世紀燃燒十億年才累積起來的化石燃料，所造成的含磷、氮、汞、鉛和許多輕同位素碳所組成的沉積物；世界各地的岩石全都雜在一起（多虧了建築石材業和地質學家及其收藏）；一場大滅絕事件的證據。

我們要怎樣才能在地質紀錄裡留下一筆比較像樣的記載？首先，我們得多花一點時間與現存的岩石對話，它們的莊嚴或許有助於我們不再以輕薄短小的佳言，和麻痺人心的委婉措詞來思考。岩石會告訴我們，我們可以信任地球，地球非常古老且堅忍，有著無限的智慧，也比人類有耐心。岩石會提醒我們，軍備競賽永無贏家。岩石可能會使我們領悟到，堆積如山的垃圾堆、沒有敵手的掠食行為、不受抑制的消費、有價之物由貧往富流動，全都違反了循環和重分配的古老律法。岩石甚至可能使我們重新發現對複雜環境議題的深刻論述，使我們培養兒童去關心更深沉的起源和歷史。也許吧。當我對事情感到絕望，岩石總是帶來安慰。我看著片麻岩和石灰岩及花崗岩、綠岩與藍片岩和紅色岩層，然後告訴自己，世界多麼美好。

＊　＊　＊

十二月裡一個陰鬱無雪的周六，我載著小孩開車橫過非常平坦的奧詩考詩冰河湖（它現在多了一層平頂的倉庫、蔓延的汽車旅館、蹲踞著的速食店）前去綠灣。在郡曲棍球場（就在神聖的綠灣包裝工隊主場的對街）上，發生了一樁驚人事件。威斯康辛州十一個北美原住民族都聚在一起祈禱，慶祝三十年來努力制止狼河源頭附近開啟一座新礦場終於有成。威斯康辛州北部的狼河上游是條狂野的河流，湍急的河水飛沫四濺。狼河奔騰而過二十億年之老的火山岩，這火山岩形成之時，威斯康辛州的那一部分還是狹長的海底火山，火山口向外噴出含有金屬的炙熱鹵水。克蘭登這小鎮附近的岩石含有高等級的硫化物礦石，其中有著銅和鎳，以及少量的金和銀。礦石沉積小而豐富，以很陡的角度伸入地下。要採礦就必須炸出很深的礦井，而且必須不斷抽出地下水。克蘭登的礦脈估計約有五千五百公噸的大量硫化物，礦物的品質則屬世界一流，採礦權已為一些跨國企業購得，也包括埃索、亞爾岡河，及全球最大的礦業公司ＢＨＰ比利登集團。

這些公司顯然沒有預料到，他們將會遭到一群關切這個北方樹林寧靜小角落的人頑強抵抗，這些人是漁夫、民宿主人、小艇玩家、鄉下地方的右派學者，最重要的則是波塔瓦托米族和奇貝瓦族的成員，他們的保留區就緊鄰著預定的礦址。抽取地下水將會改變狼河與其相連水域的水文，也包括這些部落收割野生水稻的湖泊在內。成噸粉狀含硫的礦渣，將會使河流在數世紀間都受到酸水的荼毒。礦業公司透過州立法部門和監督開礦許可程序的自然資源部，和對手下了一盤長達三十年的戰略西洋棋。最後在二〇〇三年十月二十八日，森郡的波塔瓦托米族和索考崗奇貝瓦社區宣布，他們要用部落經營的賭場所獲得的利潤，以一千六百五十萬美元買下這座六千英畝的礦場。銅將會留在岩石裡。

我跟我的孩子在那陰鬱的十二月天來到體育場時，那棟結構平凡無奇且略顯疲態的建築物，似乎正在嗡嗡作響，而它真的是從內部在震動。我們打開門的時候，不間斷的鼓聲和高歌聲有如波浪般向我們襲來，將我們向內沖去。

我對孩子們說：這裡有大事發生了。

詞彙表

酸：氫離子（H^+）濃度高於氫離子（OH^-）濃度的水溶液。

平流：物質或熱藉由移動媒介而傳輸（與**擴散**和**傳導**相反）。**對流**是平流的一種特殊型態。

反照率：表面的反射率；入射一物體的光或熱能被反射的比率。

菊石：與現代烏賊有親屬關係的古代海洋生物。菊石甲殼上細緻的花紋，使之成為絕佳的侏羅紀和白堊紀**指標化石**。

角閃石：一個很大的矽酸鹽礦物群，水是其結晶結構的組成部分。許多角閃石都呈棒狀或針狀結晶，有些類型的結晶則呈一般稱為石棉的形狀。

棲止角：不穩固的沉積物能夠維持自身的最陡斜度。

各向異性：一個量的強度在方向上的變化。

鈣長石：地球和月球岩石中最常見的礦物之一。

地下蓄水層：存在於沉積物或岩石中的地下水的可滲透層。

弧岩漿：隱沒海洋石板中的水將周遭地函的熔點降低時，所形成富含二氧化矽（SiO_2）的岩漿。此種類型的岩漿通常都有爆炸性的噴發（如日本、印尼、美國華盛頓州的喀斯喀山脈）。弧岩漿的生成為地球所獨有，是自二氧化矽含量較低的地球內部蒸餾出來大陸地殼的一部分。

小行星：數千個岩質天體，軌道主要界於內、外太陽系行星之間，體積自數公分至約一千公里不等。

軟流圈：地球上地函中軟而可流動（但固態的）岩石部分。

原子序：原子核中質子和中子數的總合。

帶狀鐵礦構造：化學沉積岩，由數公分厚的**燧石**層和氧化鐵礦物所組成，這些礦物也包括赤鐵礦（Fe_2O_3）和磁鐵礦（Fe_3O_4）在內。

玄武岩：二氧化矽含量低的（**鐵鎂質**）岩石，主要是由富含鈣和鈉的長石及輝石所組成。常見於分離性板塊界線及海洋熱區（也見於月球低地）。輝長岩為其對應的侵入岩。

層理：沉積岩中的沉積分層構造。

生物地球化學：研究元素與化合物（如碳和水）在生物圈、大氣圈、水圈與固態地球間運動和交換的學問。

藍片岩：一種**變質岩**，形成於壓力高但溫度相對較低的海洋地殼變質作用；是古代隱沒帶的識別標誌。

碳酸鹽岩：由方解石（$CaCO_3$）或白雲石（$CaMg(CO_3)_2$）所組成的岩石，如石灰岩或白雲岩。

災變說：十九世紀以前的學說，認為地球形成於後來不再發生的猛烈災難式作用。

化學沉積物：溶解於水中的礦物行化學沉澱所形成的沉積物。

燧石：經化學沉澱而成的二氧化矽（SiO_2），成分與石英相同，但不呈結晶型態。在**帶狀鐵礦構造**中與富含鐵的分層交替出現。

球粒隕石：最原始的隕石類型，含有稱為球粒的微小粒子，一般認為這些球粒是太陽系形成時的原初物質團塊。球粒隕石比行星和衛星更老，且提供了太陽系早期物理與化學作用的資訊。

碎屑沉積物：透過水、風或冰經由物理作用沉降而成的沉積物。

氣候代理紀錄：過去氣候變遷間接但合理的連續性紀錄（如樹的年輪寬度，或冰河冰分層的物理或化學屬性）。

對流：靜態介質中的熱傳輸，熱在對流作用中自溫度高的地區移往溫度低的地區。

礫岩：在快速流動的水中沉降的礫石和（大於兩公釐的）較大顆粒所組成的岩石。

大陸棚：與大陸鄰接、隱沒在水下的大陸地殼地區。

趨同演化：不同譜系的生物發展出相似的解剖特徵。

聚合性板塊界線：**隱沒作用**中板塊聚合的界線。

糞化石：化石化的糞便。

地核：行星最內部、密度最高的部分。地球的鐵質地核始於地下深度二千九百公里處。

相關：將一地的岩層與另一地年齡相近的岩石關聯起來的作用。

宇宙射線：來自太陽或太陽系外的高能粒子，會與地球上大氣層的原子起作用。地球磁場的遮蔽使地表免於接觸到大部分的宇宙射線。

宇宙同位素：宇宙射線轟炸地球上大氣層原子時，所產生的不穩定（放射性）同位素。這些同位素（包括 ^{12}C 及 ^{10}Be）可用於估算自生物或礦物表面接觸到大氣圈起經過的時間。

截面：表層下垂直切面的概略圖。

地殼：地球的最外層，厚度自五至九十公里不等。

結晶：一種固體，其中的原子以在三維空間中整齊有序的方式重複排列成列陣（或稱晶格）。

藍綠菌：藍綠色的「藻」，單細胞原核生物，可行光合作用，是第一批見於化石紀錄的生物之一。

雛菊世界：洛夫洛克所提出的類地行星模星，意在說明**蓋婭假說**與天擇演化的相容性。該模型的生物圈，全部由可透過與顏色有關的**反照率**（反射率）影響行星溫度的雛菊組成。

三角洲：河流進入立水體時，在河口沉降下來的沉積物，通常呈三角形，沉積物與希臘字母Δ相似。

密度：物體每單位體積的質量。

陸源泥礫岩：由兩種大小截然不同的碎屑顆粒所組成的岩石，通常見於冰積層或泥流。

擴散作用：原子在靜態介質中，由高濃度區域往低濃度區域運動。非運動液體（如地表下的岩漿）中的擴散通常很慢，在固體（如礦物晶格）中則更慢。

錯位：結晶晶格中的原子排列方式的差錯。錯位會導致結晶中的局部應力集中；這些區域會大幅降低礦物的強度。

分離性板塊界線：板塊彼此背向運動的界線；在海洋盆地中便是中洋脊。

延展流動：固態岩石緩慢、黏稠、非脆裂性的變形。

榴輝岩：海洋地殼在高壓中溫變質作用中所形成的岩石。榴輝岩和**藍片岩**均用來辨識古代的**隱沒作用**地帶。

埃迪卡拉生物群：**雪團地球**時期後所出現的第一批生物群。最初發現於澳洲的埃迪卡拉山，現在世界各地都有發現，但其分類關係至今仍有爭議。又稱為范多佐生物。

內共生：兩種獨立演化的生物（通常為單細胞生物）合併成為一個互相依賴的系統，最終成為一個單一生物；是**共生**的一種。

熵：無序度（宇宙之道）。

震央：**地震中心**上方位於地表的點。

真核生物：細胞中有細胞核的生物。

蒸發岩：由鹽（包括岩鹽、石膏、硬石膏）所組成的岩石；由海水蒸發而成。

太空生物學家：尋找地球外生物的科學家。

斷層：發生側滑的岩石斷裂。

回饋機制：一階斷的輸出（結果）成為下一階段輸入（原因）的作用。

長英質岩：二氧化矽含量高、無法只經一次地函熔融形成的火成岩（如**花崗岩**）。與**鐵鎂**

質岩形成對比。

流體：任何可流動的物質（可為固態、液態或氣態）。

助熔劑：可降低純物質熔點的元素或化合物。

地震中心：地震的起源處；地下斷層側滑的起始點。也稱為**震源**。

摺皺：層狀岩石的皺起或皺彎，通常因岩層平行縮短而形成。

食物鏈、**食物網**：一種生物的階層，在此階層中，能量和養分自初級生產者轉移到消費初級生產者的生物，再轉移到消費這些生物的生物，餘此類推。

化石：被保存下來的生物遺骸或其痕跡。

化石燃料：不完全腐爛的有機物質中可供作燃料的碳氫化合物（氫和碳結合成的化合物），包括煤、石油、天然氣在內。

碎形：在各個尺度上看來都相似的幾何圖形。

分熔：岩石由熔點最低的礦物開始逐步熔化的過程。

蓋婭假說：認為地球的近地表環境主要是受到生物活動控制的觀點（例如認為是生物將地表的溫度及空氣和水在化學組成上的波動降到最低）。

方鉛礦：硫化鉛（PbS），主要的鉛**礦**。

氣態水合物：甲烷等生物產生氣體的結凍型態，見於世界許多地方海底沉積層的上層。

地壓計：標示出變質岩曾經受過的最大壓力的礦物或礦物群。

地磁時間尺度：以地球磁場兩極翻轉的歷史為基礎的時間尺度。對形成時間接近地磁翻轉時的岩石進行同位素定年，現已能夠指出地磁翻轉的絕對年齡。

地質微生物學：一個科學子領域，專門研究微生物與礦物之間的關係。

地球生理學：將水圈、大氣圈、生物圈及地球的固態部分，視為彼此相連的子系統所組成的自律系統的研究（科學上對**蓋婭假說**的美化名稱）。

地熱梯度：地表下隨深度而出現的溫度增加，以每公里℃表示。

地熱計：標示出變質岩曾經受過的最高溫度的礦物或礦物群。

片麻岩：有著明顯礦物條帶、高度變質的岩石。

漸變說：最極端的均變說主張，認為地球是由緩慢、漸近的作用所型塑（因反對**災變說**而提出）。

花崗岩：侵入火成岩，為大陸地殼所獨有，主要由鈉或鉀長石、石英、角閃石及雲母組成。

重力分化作用：物質依密度而沉澱。

溫室效應：一些氣體透過傳輸入射陽光，並使熱無法自行星表面反射回去，而將熱困在行星表面。二氧化碳（CO_2）、甲烷（CH_4）及水蒸氣（H_2O）都是溫室氣體。

綠岩：經受過熱液交替（在熱地下水存在的情況下所發生的低級變質作用）的**玄武岩**。

地下水：土壤、沉積物及岩石細孔中所含的水。

半衰期：不穩定的親代同位素中半數衰變成子代同位素所需的時間。

月球高地：月球上較老且充滿坑洞的地體。

長條圖：顯示一變量的特定值發生頻率的平面圖。

熱區：特別熱且上升的孤立地函岩石上方的地表點。此種岩石接近地表時所產生的岩漿，會引發如夏威夷地區的火山活動。

水循環：地表、地上及地下不同型態的水的持續循環。

震源：地震的源頭；地下斷層側滑的發生點。又稱為**地震中心**。

測高值：對行星地形的數學描述。

火成岩：形成自熔融狀態（岩漿）的岩石。

不相容元素：無法輕鬆進入地函礦物的元素，通常是因為原子半徑較大之故。

指標化石：只存在於短暫地質時期的物種所形成的生物化石。指標化石在**相關**上非常有用。

指標礦物：只在嚴格的壓力與溫度條件下才會形成的變質礦物，因此可用來當作特定深度或熱狀態的指標。

入侵岩：位於地表下的火成岩。

銥：原子序七七，在地球上非常罕見，但在隕石中的濃度極高。白堊紀第三紀界線的岩石中的高銥濃度，使人首度開始懷疑是隕石撞擊導致恐龍的滅絕。

同位素：原子核中可有不同數量中子的元素。同位素可能穩定也可能容易產生（放射性）衰變。

同位素年齡：礦物或岩石結晶後所流逝的時間，以子代同位素與親代同位素的比例推算而得。

化石寶庫：將生物（尤其是軟體生物）的解剖細節保存得異常良好的化石床。

土地倫理：保育主義者李奧波所提出的名詞，意指不只對人類乃至土地、水和生物圈整體所抱有的道德責任感。

石灰岩：主要由方解石所組成的岩石，通常是自海水沉降而成。

岩石圈：固態地球的堅硬外層，包括**地殼**和最外圈的**地函**，通常約為一百公里厚。

對數尺度：每一單位表示數值的十次方差異的度量尺度。芮氏規模就是對數尺度。

月球低地：月球上由熔岩所覆蓋的平滑地體，較月球高地年輕，但以地球的標準而言依舊算是古老。

鐵鎂質岩：富含鎂但矽含量相當少、可經一次地函**分熔**而形成的火成岩。**玄武岩**便是一種鐵鎂質火山岩。

地震規模：以地震紀錄上所記下的振幅高峰為基礎，對地震的大小所做的量化描述。

地函：所有內太陽系行星地核外的包覆地層。地球的岩質地函占了地球體積的百分之八十三，自地表下約四十公里處延伸至二千九百公里處。

大理岩：變質再結晶的石灰岩或白雲岩。

大滅絕：許多物種突然自化石紀錄中消失。

變質岩：經與形成時不同的溫度、壓力或化學條件修正的岩石。

變質作用：岩石為回應與其形成時不同的物理或化學條件，而生長出新的礦物。

隕石：落至地球的天外來石。一般認為多數隕石均來自小行星帶，但有些隕石則是來自其他行星（尤其是火星）的撞擊噴出物。

礦物：有明確化學組成的天然結晶型固體（原子在其內呈整齊的三維列陣）。多數的岩石都由一種以上的礦物組成。

泥岩：參見**頁岩**。

基因突變：細胞內基因碼（DNA）的改變。有些突變無害，有些則會導致癌症和先天缺陷。

天擇：生物經由最適者生存的選擇作用而演化。

負回饋機制：自我校正的作用。

稀有氣體：元素周期表最後一欄的化學元素，有著全滿的電子外殼，不會與其他元素鍵結。

核合成：元素在大型恆星的核心內融合而形成較重的元素。

黑曜岩：火山玻璃。

礦石：具有經濟用處的金屬元素來源。

造山帶：古老的山岳帶，通常已被侵蝕得很嚴重，地形外觀幾不可見，但可由變形和變質的岩石辨識出來。

氧化作用（元素或化合物）：因喪失電子而離子化，通常是喪失給氧原子。

臭氧層：三價氧（O_3）。地球上大氣層（平流層）自然產生的臭氧可遮蔽地表不受過多太陽紫外線照射。內燃引擎於地面層釋出的臭氧是一種健康風險，也是汙染物。

古土壤層：代表古代地層、富含黏土的沉積岩。

變餘構造：在一次事件中沉降，又在之後的事件中被再作用而成的沉積床。以更一般性的說法來講，任何保存了多個階段或時期局部修改紀錄的特徵，均為變餘構造。

盤古大陸：古生代時期（約二億七千萬至三億年前）板塊相撞所形成的超級大陸；阿帕拉契造山帶、喀列多尼亞造山帶及海西造山帶均於該次相撞中形成。盤古大陸在現代大西洋形成時斷裂。

橄欖岩：主要由橄欖石所組成的火成岩，是地球上地函特有的岩石類型。

滲透性：對液體有多容易穿透沉積物或岩石的度量。

光合作用：綠色植物以陽光為能量來源，將水和大氣二氧化碳轉化成碳水化合物和自由氧的作用。

板塊構造學：認為地球的**岩石圈**是鑲嵌式運動片塊（板塊）的理論。

磁極：物體的磁化感，亦即物體南、北極的相對位置。

正回饋機制：自我永續不斷的作用。

冰期後回跳：之前為厚重冰層所覆蓋的土地的緩慢上升。之前因為冰的重量而被移開的延展性地函岩石流回原處時，便會產生冰期後回跳。

保存可能：沉積物、化石或特定時期的其他物件被保存至未來的可能性。

初級生產者：能夠自無機來源獲取能量的生物（如行光合作用的植物和行化學合成的細菌）。又稱為**自營生物**。

原核生物：包括細菌和某些藻類在內、沒有細胞核的單細胞生物。

原岩：產生**變質岩**的原始岩石。

浮石：富含氣體、玻璃狀的火山「泡沫」所形成的岩石。浮石可能因含有大量空氣而可飄浮。

斷續式平衡：一種理論，認為地質時代中，演化的速率並非恆定，而是相對停頓的期間和快速創新（通常是對重大環境變遷的回應）的期間交替出現。

放射性衰變、**放射線**：不穩定**同位素**自發性地分解成熱、次原子粒子或其他同位素。

稀土元素：原子序界於五七和七一之間的元素（從鑭到鎦的元素）。稀土元素在岩石中的數量雖然很少，其相對豐度卻有助於精確指出形成火成岩的岩漿來源。

紅色岩層：沉降於陸地上、因氧化鐵而呈紅橘色的碎屑沉積岩。

（元素或化合物）還原作用：因獲得電子而離子化。

蘊藏：特定礦物的暫時儲存之處。

滯留時間：一物質在特定環境下的平均停留時間。

流紋岩：高矽（矽狀）火山岩，主要由鈉鉀長石、石英及雲母所組成，常見於**聚合性板塊界線**和大陸熱區。花崗岩為其對應的侵入岩。

規律岩：因年度性或季節性周期而累積的沉積物（如冰河湖中的**紋泥**）。

芮氏規模：最常用的地震規模尺度；以地震圖上的振幅高峰為計算基礎。

岩石：天然的礦物集合。多數岩石都由一種以上的礦物組成。

羅迪尼亞大陸：存在於最近的原生元時期（約七億五千萬至六億年前）的超級大陸（是比**盤古大陸**早一代的板塊構造）。羅迪尼亞大陸的低緯度位置可能便是**雪團地球**冰河期的成因。

沙岩：由沙粒大小的顆粒（直徑在一又十六分之一公釐到二公釐間）所組成的沉積岩。

尺度率：對階層體系（如食物網）中不同層級族群大小的數學描述。

片岩：細粒沉積岩（泥岩）所形成的變質岩。

海底擴張：新的海洋岩石圈自中洋脊的火山活動中形成，然後向外推擠的作用。

沉積扇：河流沉積物在陸坡基部的扇形堆積。若是位於大陸棚基部，便稱為「海底扇」，位於陸上的山岳基部，則稱為「沖積扇」。

沉積岩：由較早岩石的回收片段所組成，經由水、風或冰的作用沉降而成的岩石。

沉積結構：沉積物或沉積岩中反映出其沉降模式的物理特徵。

地震波：**斷層**突然側滑所引發的振動波。地震波到達地表時，便造成地震的地面移動。

地震圖：地震期間地面移動的視覺或數位紀錄，由稱為地震儀的動作偵測儀器所產生。

頁岩：由黏土級的顆粒（小於二百五十六分之一公釐的微粒）所組成的沉積岩；在靜水體中沉降而成。參見**泥岩**。

地盾：大陸的核心，最古老岩石的發現處。

矽酸鹽：地球上百分之九十五的礦物的所屬類別，以矽和氧為基本組成物。

地震側滑：地震事件中，斷層兩側位移的量；通常都小於一公尺。

雪團地球假說：一種假說，認為地球在最近的原生元時期（約七億五千萬至六億年前），共經歷過四個之多的極度嚴寒時期（可能冷到連海洋都結凍）。

太陽星雲：星際氣雲，一般認為因其自身重力而坍塌，而形成了太陽和行星。

地層學：研究分層岩石序列及其所記錄下的過去地表變遷的學問。

應力：不同方向所施加的不均等力，會導致岩石變形。

疊層岩：由生活在潮汐低地的單細胞生物（通常是藍綠藻）層所形成的細緻層狀沉積岩；

最早出現於前寒武紀時代中期。

隱沒作用：古老、寒冷且高密度的海洋地殼在深海海溝沉入地函的作用。

超新星：大型恆星在生命周期尾聲所發生的爆炸性死亡。

斯維卓：用來量化洋流規模的體積流速率單位，相當於每秒一百萬立方公尺（m^3/second）。

共生：兩種不同生物間互惠的共工生活。

埋葬堆積法則學：研究使有機遺骸得以保存並化石化的因素的學問。

構造板塊：組成地球最外層（**岩石圈**）的移動片塊，約有十二片。

構造學：參見**板塊構造學**。

目的論：認為設計帶有目的。

風暴岩：在猛烈暴風中沉降而成的沉積岩。

陸域沉積物：在陸地環境中沉降而成的沉積物。

熱對流：參見**對流**。

熱動力學：物理學的分枝，研究熱能與其他型態的能量之間的關係。

海洋溫鹽循環：全球洋流的對流運動；此運動是受到與海水溫度與鹽度變化有關的水密度

差異所驅動。

微跡化石：活生物在沉積物上所留下的足跡、挖痕等痕跡。

海溝：位於**隱沒作用**發生處的深海溝槽。

三葉蟲：早期節肢動物（現代甲殼動物的祖先），是出色的寒武紀、奧陶紀**指標化石**。

營養級：食物鏈或食物網中的階層（如初級生產者、草食性動物、蟲食性動物、肉食性動物等）。

濁流岩：濁度流（海底山崩）在深海海底造成的沉積岩。

非整合：岩石層序中代表一侵蝕（或非沉降）時期的表面；岩石紀錄中的缺口。

均變說：現在出現於地表的作用在過去也同樣適用。

紋泥：於冰河湖或峽灣中沉降，代表單一年度累積的一對沉積層；通常是記錄了夏季流動溪流所搬運的沉積物的沙層，以及冬季細微沉積物在冰凍水表下沉澱所形成的黏土層。

礦脈：為礦物所填充的岩石裂隙。某些礦脈中的礦物是自岩漿生成，其他礦脈中的礦物則是地下水沉澱而成。

黏度：流體抗拒流動的程度。

小冰河時期：上一次冰河期（約一萬一千年前）將盡時，一次向全面冰河情況回歸的事件。

鋯石：由鋯、矽、氧（$ZrSiO_4$）及微量的鈾所組成的礦物。鋯石的硬度和熔點極高，歷經多次侵蝕和變質依然能夠保持不變，因此是供作**同位素**定年的理想礦物。

參考資料

序曲　瘋迷石頭

1. I have provided a glossary at the end of this book to help ease the reader's path toward geological fluency. These glossary terms appear in boldface the first time they occur in the book.
2. Here and throughout the book, I use *billion* in the American sense, meaning one thousand million.
3. S. Wilde et al., "Evidence from Detrital Zircons for the Existence of Continental Crust and Oceans on the Earth 4.4 Gyr Ago," *Nature* 409 (2001): 175-178.

第一章　地球之道

1. Charles Darwin, *The Origin of Species* (London: Penguin Books, 1985; first published by John Murray, 1859), 297.
2. Joe Burchfield, *Lord Kelvin and the Age of the Earth* (Chicago: University of Chicago Press, 1990).

3. In 1996, a group of NASA scientists reported indirect evidence for ancient microorganisms within a 1.3-billion-year-old meteorite believed to be of martian origin (David S. McKay et al., "Search for Past Life on Mars: Possible Relic Biogenic Activity in Martian Meteorite ALH84001," *Science* 273 [1996]: 924-930). Most scientists are skeptical of this interpretation, however (e.g., Ralph Harvey and Harry McSween Jr., "A Possible High-Temperature Origin for the Carbonates in the Martian Meteorite ALH84001," *Science* 273 [1996]: 757-762). Even those who contend that the meteorite contains fossils of an ancient martian life-form concur that today the planet is lifeless.
4. Quoted in Connie Barlow, ed., *From Gaia to Selfish Genes* (Cambridge, Mass.: MIT Press, 1991), 2.
5. James Lovelock, "Gaia As Seen Through the Atmosphere, "*Atmospheric Environment* 6 (1972): 579-580; James Lovelock and Lynn Margulis, "Atmospheric Homeostasis by and for the Biosphere," *Tellus* 26 (1974): 2-9; Lynn Margulis and James Lovelock, "Biological Modulation of the Earth's Atmosphere," *Icarus* 21 (1974): 471-489.
6. A. J. Watson and James Lovelock, "Biological Homeostasis of the Global Environment," *Tellus* 35B (1983): 284-289. Also James Lovelock, *The Ages of Gaia: A Biography of Our Living Earth* (New York: W. W. Norton, 1988), 35-64.

第二章　初級岩石讀本

1. Stephen Baxter, *Revolutions in the Earth: James Hutton and the True Age of the Earth* (London: Weidenfeld and Nicholson, 2003).
2. Stephen Jay Gould, *Time's Arrow, Time's Cycle: Myth and Metaphor in the Discovery of Geologic Time* (Cambridge, Mass.: Harvard University Press, 1988), 66-80.
3. James Hutton, *Theory of the Earth,* Philosophical Transactions, Royal Society of Edinburgh I, part II (1788): 209-304.
4. Gould, *Time's Arrow,* 146-147.
5. Mark Twain, *Autobiography,* ed. Charles Neider (New York: Harper and Brothers, 1959), 83. I find it amazing that Lyell's *Principles of Geology* was in circulation, or at least known outside scientific circles, in the hinterlands of North America in the 1850s.
6. S. Wilde et al., "Evidence from Detrital Zircons for the Existence of Continental Crust and Oceans on the Earth 4.4 Gyr Ago," *Nature* 409 (2001): 175-178.
7. Derek Ager, *The Nature of the Stratigraphical Record* (London: Macmillan, 1973), 43-50.
8. C. P. Sonett et al., "Late Proterozoic and Paleozoic Tides, Retreat of the Moon, and Rotation of the Earth," *Science* 273 (1996): 100-104.
9. See the recent Hutton biography by Jack Repcheck, *The Man Who Found Time: James Hutton and the*

Discovery of Earth's Antiquity (New York: Perseus, 2003).

10. Stephen Jay Gould, in his best-seller *Wonderful Life: The Burgess Shale and the Nature of History* (New York: Norton, 1988), brought the Burgess Shale to the attention of nongeologists. He emphasized the anatomical diversity of the Burgess creatures, supporting his view that evolution proceeds in fits and starts .. Some of his interpretations have been refuted by Derek Briggs, *The Fossils of the Burgess Shale* (Washington, D.C.: Smithsonian Press, 1995), and especially Simon Conway-Morris, *The Crucible of Creation: The Burgess Shale and the Rise of Animals* (Los Angeles: Getty Center, 1999), in unusually polemical prose.
11. See Simon Winchester, *The Map That Changed the World: William Smith-and the Birth of Modern Geology* (New York: Harper-Collins, 2001).
12. S. A. Bowring et al., "Calibrating Rates of Early Cambrian Evolution," *Science* 261 (1993): 1293-1298.
13. S. A. Bowring and T. Housh, "The Earth's Early Evolution," *Science* 269 (1995) : 1535-1540.
14. Clair Patterson, "Age of Meteorites and the Earth," *Geochimica et Cosmochimica Acta* 10 (1956): 230-237.

第三章　大與小

1. Dan Krotz, "Another Magnet, Another Record," *Science Beat,* Lawrence Berkeley Laboratory, 9 January 2004, www.lbl.gov/Science-Articles/Archive/sb-AFRD-magnet-record.html (15 July 2004).

2. Charles Darwin, *Journal of Researches into the Natural History and Geology of the Countries Visited During the Voyage of* H.M.S. Beagle *Round the World* (New York: Harper and Brothers, 1859), 2:45-59.
3. For a riveting account of this disastrous unriveting and a good overview of the theory of fracturing, see Mark Eberhart, "Why Things Break," *Scientific American* 155 (1999): 66-73.
4. F. Vine and D. Matthews, "Magnetic Anomalies Over Oceanic Ridges," *Nature* 199 (1963): 947-949.
5. G. Glatzmaier and P. Roberts, "A Three-Dimensional Self-Consistent Computer Simulation of Geomagnetic Field Reversal," *Nature* 377 (1995): 203-209.
6. R. Coe and M. Prevot, "Evidence Suggesting Extremely Rapid Field Variation During a Geomagnetic Reversal," *Earth and Planetary Science Letters* 92 (1989): 292-298.
7. The Antarctic ice cap is considerably older than that in Greenland, and the longest continuous core thus far recovered from it dates back 7 40,000 years. That core is described in European Project for Ice Coring in Antarctica (EPICA) community members, "Eight Glacial Cycles from an Antarctic Ice Core," *Nature* 429 (2004): 623-628.
8. Richard Alley, *The Two-Mile Time Machine: Ice Cores, Abrupt Climate Change and Our Future* (Princeton, N.J.: Princeton University Press, 2001), 126.
9. Benoit Mandelbrot, "How Long Is the Coast of Britain? Statistical SelfSimilarity and Fractal Dimension," *Science* 155 (1967): 636-638.

10. Jonathan Swift, *Poems,* ed. Harold Williams (Oxford: Clarendon Press, 1937).

11. Lewis Richardson, "The Supply of Energy from and to Atmospheric Eddies," *Proceedings of the Royal Society of London, Series A* 97 (1920): 354-373.

12. A. Belgrano et al., "Allometric Scaling of Maximum Population Density: A Common Rule for Marine Phytoplankton and Terrestrial Plants," *Ecology Letters* 5 (2002): 611-613. Also G. B. West, J. Brown, and B. Enquist, "A General Model for the Origin of Allometric Scaling Laws in Biology," *Science* 276 (1997): 122-126.

13. R. J. Parkes et al., "Deep Bacterial Biosphere in Pacific Ocean Sediments," *Nature* 371 (1994): 410-413.

14. Dorion Sagan and Lynn Margulis, *Garden of Microbial Delights: A Practical Guide to the Subvisible World* (Orlando, Fl.: Harcourt Brace Jovanovich, 1988).

15. John Alroy, Charles Marshall, and Arnie Miller, *The Paleontology Database Project,* 22 August 2000, www.paleodb.org (15 July 2004). Also J. Alroy et al., "Effects of Sampling Standardization on Estimates of Phanerozoic Marine Diversification," *Proceedings of the National Academy of Sciences* 98 (2001): 6261-6266.

16. For laboratory models of ecosystems, see O. Petchey, P. McPhearson, and T. Casey, "Environmental Warming Alters Food-Web Structure and Ecosystem Function," *Nature* 402 (1999): 69-72.

17. Jorge Luis Borges, *Collected Fictions,* trans. Andrew Hurley (New York: Penguin, 1999), 289-328.
18. Evelyn Fox Keller, *A Feeling for the Organism: The Life and Work of Barbara McClintock* (San Francisco: W. H. Freeman, 1983).

第四章　混合與分類

1. John Gribbin, *Stardust: Supernovae and Life, the Cosmic Connection* (New Haven, Conn.: Yale University Press, 2001), 156.
2. T. Lee, D. A. Papanastassiou, and G. J. Wasserburg, "Demonstration of ^{26}Mg Excess in Allende and Evidence for ^{26}Al," *Geophysical Research Letters* 3 (1976): 109-112.
3. The idea was first proposed by W. K. Hartmann and D. R. Davis, "Satellite-Sized Planetesimals and Lunar Origin," *Icarus* 24 (1975): 504-515. More recent supercomputer simulations have demonstrated the physical plausibility of the giant impact hypothesis, e.g., R. M. Canup and L. W. Esposito, "Accretion of the Moon from an Impact-Generated Disk," *Icarus* 119 (1996): 427-446.
4. The first half of the comet's name acknowledges the pioneering planetary geologist Eugene Shoemaker and his wife, Caroline, whose decades of research at the U.S. Geological Survey helped open geologists' eyes to the importance of impact cratering on Earth. Eugene died tragically in a car accident in 1997, and the following year, his ashes were carried to the Moon on NASA's *Lunar Prospector* spacecraft.

When *Prospector's* mission ended in 1999, the craft was deliberately crashed on the lunar surface. In this way, Shoemaker realized posthumously his dream of landing on the Moon. In an eerie way, Shoemaker's journey mirrors that of the comet that carried his name.

5. For a good, nontechnical summary of current thinking on this topic, see Ben Harder, "Water for the Rock: Did Earth's Oceans Come from the Heavens? Research Into the Origin of the Earth's Seas," *Science News,* 23 March 2002.

6. Not all geologists agree about this; some prefer the more uniformitarian view that plate tectonics began very early in Earth's history. But if we look to Venus and Mars for clues about earlier stages in Earth's evolution, we see no evidence of well-defined plate boundaries, subduction zones, or differentiation into two crustal types. This, together with the thermal arguments discussed in the text, makes it seem unlikely that Earth's plate tectonic system operated in its modern form in Archean time.

7. Paul F. Hoffman, "Wop may Orogen: A Wilson Cycle of Early Proterozoic Age in the Northwest of the Canadian Shield," in *The Continental Crust and Its Mineral Deposits,* ed. D. W. Strangway, Geological Association of Canada Special Paper 20 (1980): 523-549; A. Moller et al., "Evidence of a 2 Ga Subduction Zone: Eclogites in the Usagaran Belt of Tanzania," *Geology* 23 (195): 1067-1070.

8. S. Bowring and T. Housh, "The Earth's Early Evolution," *Science* 269 (1995): 1535-1540. See also R. Rudnick, "Making Continental Crust," *Nature* 378 (1995): 571-578.

9. S. Wilde et al., "Evidence from Detrital Zircons for the Existence of Continental Crust and Oceans on the Earth 4.4 Gyr Ago," *Nature* 409 (2001): 175-178.
10. This has been documented in my own work with Hakon Austrheim (University of Oslo) and his students on some deep crustal rocks north of Bergen in western Norway. M. Bjornerud, H. Austrheim, and M. Lund, "Processes Leading to Densification (Eclogitization) of Tectonically Buried Crust," *Journal of Geophysical Research* 107 (B10) (2002), DOI 10.1029/2001JB000527; and M. Bjornerud and H. Austrheim, "Inhibited Eclogite Formation: The Key to the Rapid Growth of Strong and Buoyant Archean Crust," *Geology* 32 (2004): 765-768.
11. Paradoxically, erosion can sometimes cause mountains to *grow,* as a result of the unloading of the underlying mantle as rock is removed from the surface. This phenomenon, called *isostatic rebound,* is very similar to the slow but measurable uplift of land that was previously covered by ice (Chapter 3). Whether erosion causes net reduction in topographic elevations depends of the relative rates of sediment removal (a function of climate) and mantle flow.
12. The classic analysis of the Grand Banks turbidity current is P. Kuenen, "Estimated Size of the Grand Banks Turbidity Current," *American Journal of Science* 250 (1952): 874-884.
13. D. Rothman, J. Gretzinger, and P. Fleming, "Scaling in Turbidite Deposition," *Journal of Sedimentary Research* A64 (1994): 59-67.

14. S. R. Taylor and S.M. McLennan, "The Geochemical Evolution of the Continental Crust," *Reviews of Geophysics* 33 (1995): 241-265.

15. F. Tera et al., "Sediment Incorporation in Island-Arc Magmas: Inferences from lOBe," *Geochimica et Cosmochimica Acta* 50 (1986): 535-550. See also J.D. Morris, W. P. Leeman, and F. Tera, "The Subducted Component in Island Arc Lavas: Constraints from Be Isotopes and B-Be Systematics," *Nature* 344 (1990): 31-36.

16. An engaging, nontechnical account of the Snowball Earth hypothesis is Gabrielle Walker, *Snowball Earth: The Story of the Great Global Catastrophe That Spawned Life as We Know It* (New York: Crown Publishers, 2003).

17. J. Kirschvink, "Late Proterozoic Low-Latitude Glaciation: The Snowball Earth," in *The Proterozoic Biosphere,* ed. W. Schopf, C. Klein, and D. DesMaris (Cambridge: Cambridge University Press, 1992), 51-52. P. Hoffman et al., "A Neoproterozoic Snowball Earth," *Science* 281 (1998): 1342-1346.

18. M. Budyko, "The Effect of Solar Radiation Variations on the Climate of the *Earth, "Tellus* 21 (1969): 611-619.

19. J. Kirschvink, R. L. Ripperdan, and D. A. Evans, "Evidence for a Large Scale Reorganization of Early Cambrian Continental Masses by Inertial Interchange True Polar Wander," *Science* 277 (1997): 541.

20. R. Pierrehumbert, "High Levels of Carbon Dioxide Necessary for the Termination of Global

Glaciation," *Nature* 429 (2004): 646-649.

21. M. Kennedy, N. Christie-Blick, and L. Sohl, "Are Proterozoic Cap Carbonates and Isotopic Excursions a Record of Gas Hydrate Destabilization Following Earth's Coldest Intervals?" *Geology* 29 (2001): 443-446.

22. Two excellent books on the end-Permian extinction, both written by paleontologists for nonspecialist readers, are Michael Benton, *When Life Nearly Died* (London: Thames and Hudson, 2003), and Douglas Erwin, *The Great Paleozoic Crisis: Life and Death in the Permian* (New York: Columbia University Press, 1993).

23. S. Bowring et al., "U/Pb Zircon Geochronology and Tempo of the End Permian Mass Extinction," *Science* 280 (1998): 1039-1045.

24. M. K. Reichow et al., "40Arf39Ar Dates on Basalts from the West Siberian Basin: Doubled Extent of the Siberian Flood Basalt Province," *Science* 296 (2002) : 1846-1849.

25. R. Twitchett and P. Wignall, "Ocean Anoxia and the End-Permian Mass Extinction," *Science* 272 (1996): 1155-1158.

26. E. S. Krull and G. J. Retallack, "δ^{613}C Depth Profiles from Paleosols Across the Permian-Triassic Boundary: Evidence for Methane Release," *Geological Society of America Bulletin* 112 (2000): 1459-1472.

27. R. Twitchett et al., "Rapid and Synchronous Collapse of Marine and Terrestrial Ecosystems During the End-Permian Biotic Crisis," *Geology* 29 (2001): 351-354.

28. G. Retallack, J. Veevers, and R. Morante, "Global Coal Gap Between Permian-Triassic Extinction and Middle Triassic Recovery of Peat-Forming Plants," *Geological Society of America Bulletin* 108 (1996): 195-207.

29. L. Becker et al., "A Possible End-Permian Impact Crater Offshore of Northwestern Australia," *Science* 304 (2004): 1469-1476.

30. W. Broecker and W. Farrand, "Radiocarbon Age of the Two Creeks Forest Bed, Wisconsinan," *Geological Society of America Bulletin* 74 (1963): 795-802.

31. T. Stocker, D. Wright, and W. Broecker, "The Influence of HighLatitude Surface Forcing on the Global Thermo-Haline Circulation," *Paleoceanography* 7 (1992): 529-541.

32. J. T. Teller, D. W. Leverington, and J.D. Mann, "Freshwater Outbursts to the Oceans from Glacial Lake Agassiz and Global Change During the Last Deglaciation," *Quaternary Science Reviews* 21 (2002): 879-887.

第五章　創新與保守

1. Lynn Margulis, *Symbiosis and Cell Evolution,* 2nd ed. (San Francisco: Freeman, 1992).

2. T. M. Han and B. Runnegar, "Megascopic Eukaryotic Algae from the 2.1-Billion-Year-Old Negaunee Iron-Formation, Michigan," *Science* 257 (1992): 232-235.

3. B. K. Pierson, "The Emergence, Diversification, and Role of Photosynthetic Eubacteria," in *Early Life on Earth, Proceedings of Nobel Symposium 84,* ed. S. Bengston (New York: Columbia University Press, 1995), 161-180.

4. Lynn Margulis and Dorion Sagan, *What Is Life?* (New York: Simon and Schuster, 1995); A. Knoll, "The Early Evolution of Eukaryotes: A Geological Perspective," *Science* 256 (1992): 622-627.

5. J. Maynard Smith, *The Evolution of Sex* (Cambridge: Cambridge University Press, 1978).

6. N. Barton and B. Charlesworth, "Why Sex and Recombination?" *Science* 281 (1998): 1986-1990.

7. J. Felsenstei, "Sex and the Evolution of Recombination," in *The Evolution of Sex: An Examination of Current Ideas,* ed. R. E. Michod and B. R. Levin (Sunderland, Mass.: Sinauer Associates, 1987), 74-86.

8. R. Dunbrack, C. Coffin, and R. Howe, "The Cost of Males and the Paradox of Sex: An Experimental Investigation of the Short-Term Competitive Advantages of Evolution in Sexual Populations," *Proceedings of the Royal* Society *of London, Series B* 262 (1995): 45-49.

9. Some paleobiologists believe that sexual reproduction may not have been "invented" until later in Proterozoic time. See, for example, N. Butter*field," Bangiomorpha pubescens* N. Gen., N. Sp.: Implications for the Evolution of Sex, Multicellularity, and the Mesoproterozoic/Neoproterozoic

Radiation in Eukaryotes," *Paleobiology* 26 (2000): 386-404. But given the costliness of sexual reproduction to organisms, it seems more likely that sex arose at a time when strong new environmental pressures began to make the rewards of sex (the capacity for greater evolutionary innovation) greater than its risks.

10. For the complete story of the importance of communal living on Earth, see Lynn Margulis, *Symbiotic Planet: A New Look at Evolution* (New York: Basic Books, 2000).
11. B. Rasmussen et al., "Discoidal Impressions and Trace-Like Fossils More Than 1200 Million Years Old," *Science* 296 (2002): 1112-1115.
12. Butterfield, *"Bangiomorpha pubescens,"* 386.
13. For these organisms' resemblance to fungi and algae, see G. J. Retallack, "Were the Ediacaran Fossils Lichens?" *Paleobiology* 20 (1994): 523-544.
    For their connection to arthropods and jellyfish, see M. F. Glaessner, *The Dawn of Animal Life* (Cambridge: Cambridge University Press, 1984). For the theory that these organisms have no living descendants, see Adolf Seilacher, "Vendozoa: Organismic Construction in the Proterozoic Biosphere," *Lethaia* 22 (1989): 229-239.
14. M. Clapham and G. Narbonne, "Ediacaran Epifaunal Tiering," *Geology* 30 (2002) : 627-630.
15. G. Narbonne and J. Gehling, "Life After Snowball: The Oldest Complex Ediacaran Fossils," *Geology*

31 (2003): 27-30.

16. I borrow this imagery from a controversial book by paleontologist Mark McMenamin, The *Garden of Ediacara* (New York: Columbia University Press, 1998). It provides a fascinating if sometimes fanciful account of the Ediacaran ecosystems.

17. Stephen Jay Gould, *Wonderful Life:* The *Burgess Shale and the Nature of History* (New York: W. W. Norton, 1990).

18. A pair of articles by Conway Morris and Gould on the Burgess creatures was published as a (very pointed) point-counterpoint in Simon Conway Morris and Stephen Jay Gould, "Showdown on the Burgess Shale," *Natural History,* December 1998, 48-55.

19. Richard Dawkins, *Unweaving the Rainbow: Science, Delusion and the Appetite for Wonder* (New York: Mariner Books, 2000).

20. Richard Dawkins, review of *Wonderful Life,* by Stephen Jay Gould, in *Sunday Telegraph* (London), 25 February 1990.

21. Stephen Jay Gould and Niles Eldredge, "Punctuated Equilibria: The Tempo and Mode of Evolution Reconsidered," *Paleobiology* 3 (1977): 115-151.

22. To Gould, the illogical layout of typewriter keys, now inherited by computer keyboards, is a classic case of accidental survival of a lucky but imperfect design that just happened to emerge at the right time. See

Stephen Jay Gould, "The Panda's Thumb of Technology," in *Bully for Brontosaurus* (New York: W. W. Norton, 1991), 59-75.

23. The lottery and tape metaphors are from Gould, *Wonderful Life*.

24. Simon Conway Morris, The *Crucible of Creation* (Oxford: Oxford University Press, 1998).

25. For Ediacaran fauna dates, see J. Gretzinger et al., 1995, "Biostratigraphic and Geochronologic Constraints on Early Animal Evolution/' *Science* 270 (1995): 598-604. For Burgess Shale fossil dates, see D.-G. Shu et al., "Lower Cambrian Vertebrates from South China," *Nature* 402 (1999): 42-46.

26. M. Fedonkin and B. Waggoner, "The Late Precambrian Fossil Kimberella Is a Mollusc-Like Bilaterian Organism," *Nature* 388 (1997): 868-871.

27. S. Bengtson, "The Cap-Shaped Cambrian Fossil Maikhanella and the Relationship Between Coeloscleritophorans and Molluscs," *Lethaia* 25 (1992): 401-420.

28. W. F. Lloyd, *Two Lectures on the Checks to Population* (Oxford: Oxford University Press, 1833). The phrase was also used as the title of a nowclassic environmental essay by Garrett Hardin, "The Tragedy of the Commons," *Science* 162 (1968): 1243-1248.

29. W. F. Lloyd, quoted in Hardin, "The Tragedy of the Commons."

30. An entire book about the role of vision in the Cambrian explosion is Andrew Parker, *In the Blink of an Eye* (New York: Perseus Books, 2003).

31. A readable overview of the fossil record of the first terrestrial ecosystems is by Jane Gray and William Shear, "Early Life on Land," *American Scientist* 80 (1992): 444-456.
32. N. Campbell, J. Reece, and L. Mitchell, *Biology,* 5th ed. (Menlo Park, Calif.: Benjamin Cummings, 1999).
33. X. Xu et al., "Four-Winged Dinosaurs from China," *Nature* 421 (2003): 335-340.
34. W. H. Beebe, "A Tetrapteryx Stage in the Ancestry of Birds," *Zoologica* 2 (1915): 39-52.
35. X. Xu, Z. Tang, and X.-L. Wang, "A Therizinosauroid Dinosaur with Integumentary Structures from China," *Nature* 399 (1999): 350-354.
36. Mark Pilkington, "Junk DNA: What's in a Name?" *The Guardian,* 22 January 2004.
37. In the spirit of Aristotle, who in his *Politics* said, "Nature does nothing uselessly."
38. J. A. Martens et al., "Intergenic Transcription Is Required to Repress the *Saccharomyces cerevisiae* SER3 Gene," *Nature* 429 (2004): 571-574.

第六章　強與弱

1. M. Rudwick, *Scenes from Deep Time* (Chicago: University of Chicago Press, 1992), 4-16.
2. S. Schama, *Landscape and Memory* (New York: Knopf, 1995), 451.
3. Stephen Jay Gould, *Time's Arrow, Time's Cycle* (Cambridge, Mass.: Harvard University Press, 1987),

30-41.

4. C. Lyell, *Principles of Geology* (London: John Murray, 1830), 37-38.

5. Interestingly, Locke betrayed a deep ambivalence about nature. On the one hand, he described a paradisiacal state of nature in which humans coexisted in an environment of mutual respect and goodwill; on the other hand, nature itself was depicted as stingy and unforgiving. John Locke, *Second Treatise of Government,* ed. Richard Cox (Wheeling, Ill.: Harlan Davidson, 1982; first published in 1689), 27-28.

6. Ibid., 21.

7. Ibid., 24.

8. The complete title of the original edition conveys the ambitiousness of the work: *Manual of Mineralogy, Including Observations on Mines, Rocks, Reduction of Ores, and the Applications of the Science to the Arts.* Dana's *Manual of Mineralogy* is now in its 21st edition, published by Wiley and Sons (1999).

9. R. Laudan, *From Mineralogy to Geology: The Foundations of a Science, 1650-1830* (Chicago: University of Chicago Press, 1987), ch. 3 and 5.

10. James Hutton, *Theory of the Earth,* in *Philosophical Transactions of the Royal Society of Edinburgh,* vol. 1, pt. 2 (1788): 286 and 304.

11. J. W. Powell, *Seventh Annual Report of the Geological Survey to the Two Houses of Congress*

(Washington, D.C.: Government Printing Office, 1888), 3-4.

12. See, for example, R. Satz, *Chippewa Treaty Rights* (Madison: Wisconsin Academy of Sciences, Arts and Letters, 1991).

13. D. Abrams, "The Mechanical and the Organic: On the Impact of Metaphor in Science," in *Scientists on Gaia,* ed. S. Schneider and P. Boston (Cambridge, Mass.: MIT Press, 1992), 66-74; Gould, *Time's Arrow, Time's Cycle,* 63-66.

14. Lyell, *Principles of Geology,* 470.

15. Quoted in C. Gillispie, *Pierre-Simon Laplace: A Life in Exact Science* (Princeton, N.J.: Princeton University Press, 1998), 26-27.

16. J. D. Burchfield, *Lord Kelvin and the Age of the Earth* (Chicago: University of Chicago Press, 1990), 13-14.

17. Quoted in P. Appleman, introduction to *Norton Critical Edition of an Essay on the Principle of Population* (New York: Norton, 1976), xi-xxvii.

18. Ibid., xii.

19. For an authoritative description of the influence of Mal thus on Darwin's thinking, see Ernst Mayr, *One Long Argument: Charles Danvin and the Genesis of Modem Evolutionary Thought* (Cambridge, Mass.: Harvard University Press, 1991), 84-85.

20. Quoted in M. Kurlansky, *Cod: A Biography of the Fish That Changed the World* (New York: Walker, 1997), 122.
21. Aldo Leopold, *A Sand County Almanac* (Oxford: Oxford University Press, 1948), 214, 204.
22. R. Utgard and G. McKenzie, *Man's Finite Earth* (Minneapolis: Burgess, 1974); C. F. Park, *Earthbound: Minerals, Energy and Man's Future* (San Francisco: Freeman, Cooper and Co., 1975); K. Young, *Geology: The Paradox of Earth and Man* (Boston: Houghton-Mifflin, 1975); P. Ehrlich, *The Population Bomb* (New York: Ballantine Books, 1968; revised 1978); D. H. Meadows et al., *The Limits to Growth* (New York: Universe Books, 1972); A. Toffler, *Future Shock* (New York: Random House, 1970).
23. Preface to Young, *Geology: The Paradox of Earth and Man.*
24. Quoted in Park, *Earthbound,* 2.
25. J. Tierney, "Betting the Planet," *New York Times Magazine,* 2 December 1990, 52 ff.
26. H. Cole et al., *Models of Doom: A Critique of "The Limits to Growth"* (New York: Universe Books, 1973), ch. 2.
27. Benoit Mandelbrot, "How Long Is the Coastline of Britain? Statistical Self-Similarity and Fractional Dimension," *Science* 156 (1967): 636-638; Benoit Mandelbrot, *The Fractal Geometry of Nature* (San Francisco: W. H. Freeman, 1983).
28. Quoted in A. Moffatt, "Ecologists Look at the Big Picture," *Science* 273 (1996): 1490.

29. Robert Costanza et al., "The Value of the World's Ecosystem Services and Natural Capital," *Nature* 387 (1997): 253-260.

30. H. French, "Investing in the Future: Harnessing Private Capital Flows for Environmentally Sustainable Development," *Worldwatch Paper* 139 (Washington, D.C.: Worldwatch Institute, 1998), 8.

31. E. O. Wilson, *Consilience: The Unity of Knowledge* (New York: Knopf, 1998).

32. Evelyn Fox Keller has pointed out the interesting anachronism inherent in the idea of laws of nature: The metaphor survives from the time when nature was governed by God's edicts. Evelyn Fox Keller, interview by Bill Moyers, *Science and Gender* (Alexandria, Va.: Public Broadcasting System, 1990, videocassette).

33. Chaotic systems are characterized by extreme sensitivity to starting conditions: Trivial differences in the values of variables at the outset can lead to widely diverging results. Nonlinear systems are those in which cause and effect are not in simple linear proportion to each other. Noting that nonlinearity is actually the norm rather than the exception in natural systems, some scientists liken the linear-versus-nonlinear distinction to categorizing animals as elephants and non-elephants.

34. Niles Eldredge, Stephen Jay Gould, J. Coyne, and B. Charlesworth, "On Punctuated Equilibria," *Science* 276 (1997): 338-341.

35. See, for example, W. C. Oechel and G. L. Vourlitis, "The Effects of Climate Change on Arctic Tundra

Ecosystems," *Trends in Ecology and Evolution* 9 (1994): 324-329.

36. P. Rabinow, "Chaos in the Garden," *New York Times Book Review,* 12 November 1995.
37. J. Wu and O. L. Loucks, "From Balance of Nature to Hierarchical Patch Dynamics: A Paradigm Shift in Ecology," *Quarterly Review of Biology* 70 (1995): 439-466.
38. James Lovelock, *The Ages of Gaia: A Biography of Our Living Earth* (NewYork: Norton, 1988).
39. L. Kump, "The Physiology of the Planet," *Nature* 381 (1996): 111-112.

終曲　地球的過去和未來

1. Michael Benton, *When Life Nearly Died: The Greatest Mass Extinction of All Time* (New York: Thames and Hudson, 2003), 284-290.
2. C. Elvidge et al., "U.S. Constructed Area Approaches Size of Ohio, "*Eos: Transactions, American Geophysical Union* 85 (2004): 233.
3. Concrete production involves heating limestone, which is made of the mineral calcite ($CaCO_3$), to drive off the carbon dioxide bound up in the rock and to make lime (CaO). Although fossil fuel combustion is by far the largest anthropogenic source of carbon dioxide, concrete manufacturing, which returns long-sequestered carbon dioxide to the atmosphere, is also a significant contributor.

索引

地名

一到五畫

六到十畫

十一到十五畫

十六畫以上

人名

一到五畫

六到十畫

十一到十六畫

十六到二十畫

二十一畫以上

書名、篇名

組織與公司

岩石與地質名詞

一到五畫

六到十畫

十一到十五畫

十六到二十畫

二十一畫以上

古生物

其他

二到五畫

六到十畫

十一到十五畫

十六畫以上

貓頭鷹書房 220　　YK1220Y

磐石紀事：追蹤46億年的地球故事

（前版書名：地球用岩石寫日記：追蹤46億年的地球故事）

作　　者　貝爲業如（Marcia Bjornerud）
譯　　者　若到瓜（Nakao Eki）
責任編輯　陳湘婷、張瑞芳、王正緯
編輯協力　林婉華
專業校對　李鳳珠、魏秋綢
版面構成　張靜怡
封面設計　廖勁智
行銷統籌　張瑞芳
行銷專員　何郁庭
總 編 輯　謝宜英
出 版 者　貓頭鷹出版

發 行 人　凃玉雲
發　　行　英屬蓋曼群島商家庭傳媒股份有限公司城邦分公司
104 台北市中山區民生東路二段 141 號 11 樓
劃撥帳號：19863813；戶名：書虫股份有限公司
城邦讀書花園：www.cite.com.tw　購書服務信箱：service@readingclub.com.tw
購書服務專線：02-2500-7718~9（周一至周五上午 09:30-12:00；下午 13:30-17:00）
24 小時傳真專線：02-2500-1990；25001991
香港發行所　城邦（香港）出版集團／電話：852-2508-6231／傳真：852-2578-9337
馬新發行所　城邦（馬新）出版集團／電話：603-9056-3833／傳真：603-9057-6622
印 製 廠　中原造像股份有限公司
初　　版　2007 年 10 月
二　　版　2015 年 1 月
三　　版　2020 年 12 月
定　　價　新台幣 420 元／港幣 140 元
I S B N　978-986-262-449-4

讀者意見信箱　owl@cph.com.tw
投稿信箱　owl.book@gmail.com
貓頭鷹臉書　facebook.com/owlpublishing

國家圖書館出版品預行編目資料

磐石紀事：追蹤 46 億年的地球故事／貝爲業如（Marcia Bjornerud）著；若到瓜（Nakao Eki）譯 . -- 三版 . -- 臺北市：貓頭鷹出版：家庭傳媒城邦分公司發行 , 2020.12
面；　公分 . --（貓頭鷹書房；220）
譯自：
Reading the rocks: the autobiography of the earth
ISBN 978-986-262-449-4（平裝）

1. 地質學

350　　109018920